U0393638

Life Is On | Schneider Electric 施耐德电气

中压电气设备
设计与选择指南

（法）Thierry Cormenier 编
施耐德电气专家团队 译

中国电力出版社
CHINA ELECTRIC POWER PRESS

内容提要

施耐德电气提供电力网络诊断、设计、安装、运营、检查与维护方面的全面支持信息。这些信息均符合最新的国际电工技术委员会标准。这次推出的《中压电气设备设计与选择指南》是为了解决中压电气装置的关键问题。主要内容包括中压网络，电力变压器，开关柜，中压/低压变电站，保护、控制和监控的一般信息，智能电网及生态设计等内容；并对使用条件、短路功率、绝缘强度、防护等级、母排计算等设计规则进行了详细的阐释。之后在“开关设备”一章中，对中压断路器、真空断路器机构、负荷开关、隔离开关和接地开关、限流熔断器、电流互感器等中压开关设备的特性参数进行逐一介绍，这对于中压电气设备的选择大有裨益。

本书适用对象为涉及商业、工业或电力行业中压装置电气的设计及使用人员，对于参与电气装置标准化及认证或检查人员都有重要参考价值，对于咨询工程师、设计师、承包商、成套设备生产商、电气设备运维人员、电气工程及自动化专业教师和学生也有较高的参考价值。

图书在版编目（CIP）数据

中压电气设备设计与选择指南／（法）特瑞·科梅尼尔（Thierry Cormenier）编；施耐德电气专家团队译. —北京：中国电力出版社，2019.8

ISBN 978-7-5198-3206-3

Ⅰ.①中… Ⅱ.①特… ②施… Ⅲ.①中压电网-电气设备-设计-指南 Ⅳ.①TM92-62

中国版本图书馆 CIP 数据核字（2019）第 094854 号

出版发行：中国电力出版社
地　　址：北京市东城区北京站西街 19 号（邮政编码 100005）
网　　址：http://www.cepp.sgcc.com.cn
策　　划：周　娟
责任编辑：杨淑玲（010-63412602）
责任校对：黄　蓓　朱丽芳
装帧设计：王红柳
责任印制：杨晓东

印　　刷：北京盛通印刷股份有限公司
版　　次：2019 年 8 月第一版
印　　次：2019 年 8 月北京第一次印刷
开　　本：880 毫米×1230 毫米　16 开本
印　　张：8.5
字　　数：301 千字
定　　价：98.00 元

译者的话

《中压电气设备设计与选择指南》是由来自施耐德电气出色的配电专家分享他们在技术开发和不断发展的中压标准方面的行业领先知识，这些内容符合最新的国际电工技术委员会标准。本指南中的电气设备文字符号、电气简图用图形符号大多保留了原版图书的表示方法。

本指南在翻译审校期间，得到了行业内优秀电气设计专家的指正，提出了大量中肯的建议，他们是刘屏周、李英姿（排名不分先后）。

同时施耐德电气内部的优秀技术人员也投入了大量精力进行组织和审校工作，他们是房彩娟、陈明、宾昭平、程曦、张东煜（排名不分先后）。

对于他们所付出的辛勤劳动表示衷心的感谢！

我们期望这本《中压电气设备设计与选择指南》能够给大家带来切实有效的帮助，也欢迎广大读者提出宝贵意见和建议。

总目录

第A章 介绍

目录

1 中压网络

根据IEC标准，中压和高压之间没有明确的界限。
地方和历史因素在其中起到了很大的作用，其范围通常在30～100kV之间（参见IEV 601-01-28）。
出版物IEC 62271-1: 2011《高压开关设备和控制设备标准的共用技术要求》中包含了一个关于此范围的注释：“适用本标准的高电压（见IEV 601-01-27）为高于1000V额定电压。然而，‘中压’术语（见IEV 601-01-28）通常应用于电压高于1kV，并小于或等于52 kV的配电系统。”

对电力系统进行何种保护取决于其架构和运行模式。

术语“中压”，通常应用于电压高于1kV，并小于或等于52kV[1]的配电系统

由于技术和经济原因，中压配电网络的运行电压很少超过36 kV。

电气装置经专门的中压变电站（通常是设计的主变电站）连接到中压公用电网。根据其规模与负荷相关的一些具体条件（额定电压、数量、功率、位置等），装置可能设置二级变电站。这些二级变电站应精心选址，以降低中压和低压电缆的预算。主变电站通过内部的中压配电给这些二级变电站供电。

通常，大部分负载一般由降压变压器的低压侧供电。但是容量超过120kW的大容量周期异步电机则由中压侧进行供电。
本电气指南只考虑低压负载。降压变压器可以安装在主变电站或二级变电站内。小型电气装置可能只安装单台降压变压器，在大多数情况下会安装在主变电站内。

主变电站包含五个基本功能：
功能1：连接中压公共配电网。
功能2：装置的总进线保护。
功能3：变电站内降压变压器的供电及其保护。
功能4：内部二级中压配电的供电及其保护。
功能5：计量。

主变电站包括以下设备：
断路器：断路器是一种用于网络控制和保护的设备。它能够关合、承受和开断负载电流以及故障电流，直至网络的短路电流。

负荷开关：能够带载关合和开断额定电流的交流负荷开关和隔离负荷开关。

接触器：接触器用于在正常工作时对负载进行断开和接通操作，特别是在诸如公共照明和工业电机等特定操作中使用。

限流熔断器：中压限流熔断器主要用于保护变压器、电机和其他负载。负载超过给定值并达到一定时间，可以通过融化其自身一个或多个特别设计的和均布的组件，断开其所插入的回路。但限流熔断器可能难以断开中间电流值（譬如超过其熔体额定值的范围小于6～10倍），因此通常与开关设备组合使用。

隔离开关和接地开关：隔离开关用于在不影响绝缘水平的情况下分离两个带电的独立回路，通常在环网的断开点处使用。它们通常用于将电气装置与电源隔离，其性能要优于其他开关设备。隔离开关不是安全设备。接地开关是能够以可靠方式将导体接地的专用设备，这样就可以安全地接近导体。它们具有关合额定短路电流的能力，以确保它们能够耐受操作中的错误，如闭合带电导体。

电流互感器：旨在为二次回路提供与一次电流（中压）成比例的电流。

电压互感器：电压互感器旨在为其二次回路提供与一次回路电压成比例的二次电压。

对于包含单台降压变压器的装置，一般保护和变压器保护可以合并。
计量可以在中压侧或低压侧上进行。对于包含单台降压变压器的装置，计量通常在低压侧进行，前提是变压器的额定功率要保持在供电部门规定限值之下。
除功能要求外，主变电站和二级变电站的建设均应符合地方标准和法规。
此外，在任何情况下均应考虑IEC建议。

电力系统架构

电力系统的各种组件可以用不同的方式进行配置。最终架构的复杂程度决定了电能的供应能力和投资成本。
因此，为指定的应用选择电力系统架构，需要权衡技术必要性和成本之间的关系。
架构包括以下形式：

- 放射型配电系统：
  - 单馈路；
  - 双馈路；
  - 平行馈路。
- 环路系统：
  - 开放环路；
  - 闭合环路。
- 内部发电系统：
  - 常用电源发电；
  - 替代电源发电。

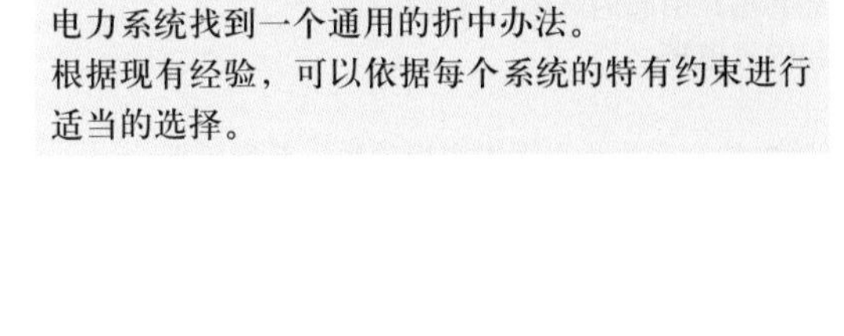
中压和低压电力系统的中性点接地选择长期以来一直都是争议激烈的话题，因为不可能为各种类型的电力系统找到一个通用的折中办法。
根据现有经验，可以依据每个系统的特有约束进行适当的选择。

接地阻抗

根据阻抗Z_N的类型（电容、电阻、电感）和值（零到无穷大），中性点电位可以固定或通过五种不同的接地方法进行调整：

- $Z_N = \infty$，中性点不接地，中性点没有接地连接；
- Z_N为高电阻；
- Z_N为低电抗；
- Z_N为补偿电抗，用来补偿电网电容；
- $Z_N = 0$，中性点直接接地。

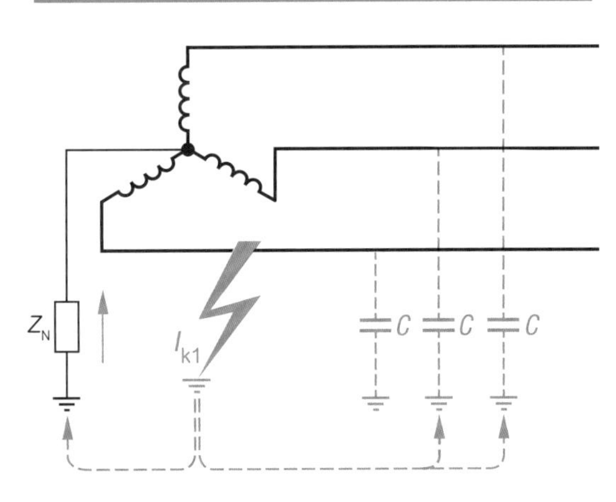

图表A1：有接地故障的电力系统等效电路图

1　中压网络

困难和选择准则

选择准则涉及诸多方面：
- 技术（电力系统功能、过电压、故障电流等）；
- 运营（供电连续性、维护）；
- 安全（故障电流水平、接触电压和跨步电压）；
- 成本（基建费和运营费用）；
- 地方和国家的法规。

两个主要技术问题恰恰互相矛盾：
降低过电压水平：过大的过电压可能导致电绝缘材料发生绝缘击穿，造成短路。
装置过电压的成因有以下几种：
- 雷电过电压，由架空系统暴露部分引起的直接雷击或感应电压引起，且过电压传播到用户供电点和装置内部；
- 由操作和某些严重情况（如共振）引起的系统内过电压；
- 由接地故障本身及切除引起的过电压。

降低接地故障电流（I_{k1}）：故障电流会产生与以下内容相关的一系列后果：
- 故障点处由电弧引起的危险，特别是旋转机械中的磁路熔化；
- 电缆屏蔽层受热；
- 接地电阻的大小和成本；
- 相邻通信电路中的电磁感应；
- 外露可导电部分电动势升高造成的人身危险。

减少故障电流有助于最大限度减少这些后果。
不幸的是，如果对这些效果其中之一进行优化，将自动导致另一个效果受到削弱。两种典型的中性点接地方式突出展示了这种对比：
- 不接地中性点，可大大降低通过中性点接地的故障电流，但会产生更高的过电压；
- 直接接地中性点，可最大限度降低过电压，但会导致高故障电流。

就运行考虑，依据采用的中性点接地方式：
- 在第一次接地故障发生的情况下，可能可以连续运行，也可能不可以连续运行；
- 接触电压会有差异；
- 可能易于实施或难以实施保护选择性。

因此经常选择折中解决方案，即中性点通过阻抗接地（图表A2）。
中性点接地特点摘要见图表A2

特点	中性点接地				
	不接地	补偿式	电阻式	电抗式	直接接地
瞬态过电压抑制	-	+ -	+	+ -	+ +
工频过电压限制	-	-	+	+	++
故障电流限制	++	+ +	+	+	--
供电连续性（无跳闸，持续故障意味着故障电流大大降低）	+	+	-	-	-
易于实施保护选择性	-	- -	+	+	+
无需有资格人员	-	-	+	+	+

+ 表示优势；　- 表示特别注意。

图表A2：中性点接地特点摘要

2　电力变压器

2.1　概述

电力变压器是一种具有两个或更多绕组的静态设备，其通过电磁感应将交流电压和电流系统转换成通常具有不同值，但具有相同频率的另一电压和电流系统，以传输电能。

电力变压器需遵守IEC 60076系列标准，其中对于中压网络的主要要求摘要如下：

- IEC 60076-1《电力变压器　第1部分：总则》；
- IEC 60076-2《电力变压器　第2部分：液浸式变压器温升》；
- IEC 60076-7《电力变压器　第7部分：油浸式变压器负载导则》；
- IEC 60076-10《电力变压器　第10部分：声级测定》；
- IEC 60076-11《电力变压器　第11部分：干式变压器》；
- IEC 60076-12《电力变压器　第12部分：干式电力变压器负载导则》；
- IEC 60076-13《电力变压器　第13部分：自我保护式充液变压器》；
- IEC 60076-16《电力变压器　第16部分：风力发电用变压器》。

根据IEC 60076-8 应用指南，该导则旨在提供变压器并联运行期间进行计算所需的信息、负载情况下电压下降或上升以及三绕组负载组合的负载损耗。关于电力变压器负载能力的信息，请参见IEC 60076-7《油浸式变压器》和IEC 60076-12《干式电力变压器》。

2.2 运行条件

标准定义了变压器的正常运行条件，包括：

■ **海拔**：海拔不能超过1000m。

■ **冷却介质温度**：

冷却设备进口处的冷却空气温度：

□ 不超过：40°C（任何时间）、30°C（最热月份月平均温度）、20°C（年均温度）。

□ 且不低于：−25℃（户外变压器）、−5℃（变压器和冷却器均用于户内安装）。

对于水冷变压器，入口处的冷却水温度不超过：25°C（任何时间）、20°C（年均温度）。

关于冷却，对于以下型式的变压器有进一步限制：

□ 液浸式变压器（IEC 60076-2）；

□ 干式变压器（IEC 60076-11）。

■ **电源电压波形**：总谐波含量不超过5%、偶次谐波含量不超过1%的正弦电源电压。

■ **负载电流谐波含量**：负载电流总谐波含量不超过额定电流的5%。

对于负载电流总谐波含量超过额定电流5%的变压器或专门用于供电的变压器，应根据涉及“变流变压器”的IEC 61378系列标准来规定电子类负载或整流器负载。

若电流谐波含量小于5%，那么变压器工作在额定电流时就不会有过度寿命损失。但应注意的是，任何谐波负载下的温升可能会升高，且额定功率下的温升可能会超出限值。

■ **三相电源电压的对称性**

对于三相变压器，可使用一组近似对称的三相电源电压。

“近似对称”是指最高相间电压持续不高于最低相间电压1%，或在特殊条件下短时间内（约30min）不超过2%。

■ **装置环境**

□ 对于变压器套管或变压器本身的外部绝缘，不需要特别考虑污染率（见IEC / TS 60815-1定义）的环境。

□ 不需要特别考虑地震干扰影响的环境（假设地面加速度级别低于2m/s²或约0.2g）。

□ 当变压器安装在不是由变压器制造商所提供的外壳中时，应注意校正变压器温升限值，以及由其自身满载温升级别定义的外壳冷却能力（见IEC 62271-202）。

以下根据IEC 60721-3-4规定的环境条件：

- 气候条件4K2，最低外部冷却介质温度为−25℃的情况除外；
- 特殊气候条件4Z2、4Z4、4Z7；
- 生物条件4B1；
- 化学活性物质4C2；
- 机械活性物质4S3；
- 机械条件4M4。

对于计划安装在室内的变压器，这些环境条件中的一部分可能不适用。

2.3 温升限值

采用环境温度和变压器的不同负载周期，根据变压器周围的温度定义温升限值。当变压器安装在外壳内时，温升影响外壳设计。该外壳主要由温升级别和防护等级确定，二者均需适合局部影响条件（见IEC 62271-202）。对于户外装置，为了避免太阳辐射的影响，建议在变压器上方安装遮阳棚，在单层非绝热金属外壳上也要装，并保持自然对流。

液浸式变压器冷却方式

■ 第一个字母：内部冷却介质。

□ O：矿物油或燃点≤300°C的合成绝缘液体。

□ K：燃点>300°C的绝缘液体。

□ L：无可测量燃点的绝缘液体。

■ 第二个字母:内部冷却介质循环机理。

□ N：流经冷却设备和绕组的液体是自然的热对流循环。

□ F：流经冷却设备的液体是强制循环，流经绕组的液体是热对流循环。

□ D：流经冷却设备的液体是强制循环，且至少在主绕组内部的液体是强迫导向循环。

■ 第三个字母:外部冷却介质。

□ A：空气。

□ W：水。

■ 第四个字母：外部冷却介质循环机理。

□ N：自然对流。

□ F：强制循环（风扇、泵）。

如果制造商和购买方之间没有另外约定，温升限值对牛皮纸和改性纸均有效（另见“负载导则”IEC 60076-7）。

要求	温升限值（K）
顶部绝缘液体	60
普通绕组（按绕组电阻变化）：	
– ON…和OF…冷却系统	65
– OD…冷却系统	70
热点绕组	78

图表A3：电力变压器各部分温升限值

环境温度（°C）			温升校正（K）(1)
年平均	月平均	最大值	
20	30	40	0
25	35	45	-5
30	40	50	-10
35	45	55	-15

(1) 图表A3中给出的值。

图表A4：空冷油浸式变压器在特殊运行条件下的温升矫正推荐值

负载导则IEC 60076-7和IEC 62271-202标准说明了变压器温升、由于使用封闭式变压器外壳导致的过热与负载系数之间的关系（图表A5）。

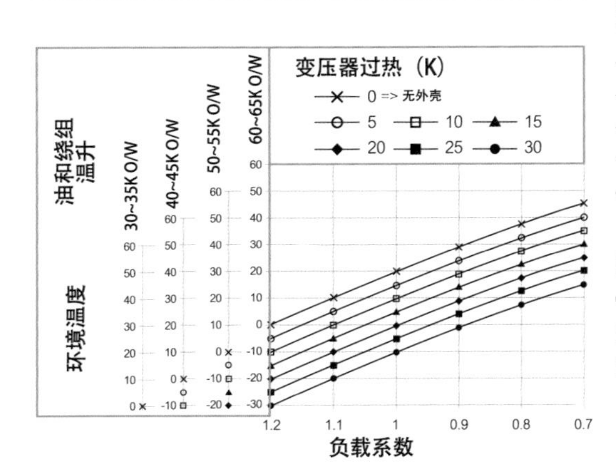

图表A5：油浸式变压器的外壳温升系数与负载系数的关系

干式变压器冷却方式

冷却介质的类型是空气，由以下字母定义：

- N：当采用自然冷却时，空气对流由变压器本身产生。
- G：当采用强制冷却时，气流通过风扇加速。

注：与安装在变压器室墙壁上的风扇所“拉动”的气流相比，应优先选择被“推动”而通过变压器绕组的气流。

但是，两者可以组合使用。若变压器安装在外壳中，则应根据IEC 62271-202标准的变压器及外壳的温升，评估变压器的负载限值。

按照IEC 60076-11进行测试，则设计用于在正常运行条件下运行的变压器绕组的温升，不应超过图表A6中规定的相应限值。

在绕组绝缘系统任意部分出现的最高温度称为热点温度。

热点温度不得超过IEC 60076-11规定的热点绕组温度的额定值。

该温度可以测量，但也可以使用IEC 60076-12（负载导则）中的方程式计算出实用近似值（图表A6）。

绝缘系统温度（°C）(1)	额定电流下绕组平均温升（K）(2)	最高热点绕组温度（°C）
105 (A)	60	130
120 (E)	75	145
130 (B)	80	155
155 (F)	100	180
180 (H)	125	205
200	135	225
220	150	245

（1）字母指IEC 60085中给出的温度分类。

（2）根据IEC 60076-11的温升试验测得的温升。

图表A6：正常运行条件下运行的变压器绕组的温升限值

IEC 62271-202标准适用于安装在预制变电站内的变压器，其中定义了变压器外壳的温升等级，并对变电站的温度特性提出要求（通过专用温升测试进行检查）。

与“露天”相比，该等级反映了变压器的过热情况。图表A7显示了基于变压器不同绝缘系统温度下干式变压器的负载系数（见IEC 60076-11）。

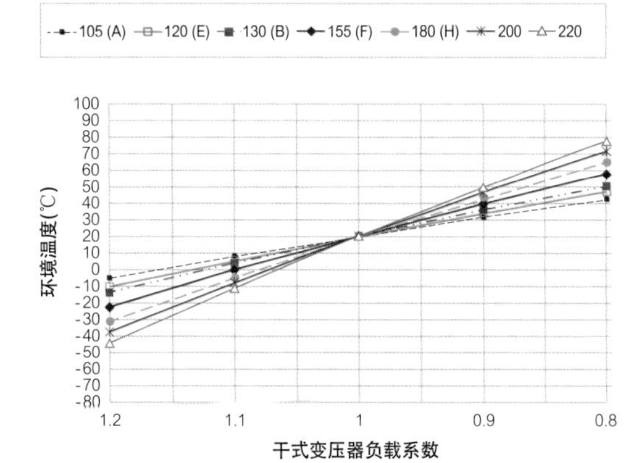

图表A7：基于不同绝缘系统温度下环境温度与干式变压器的负载系数关系

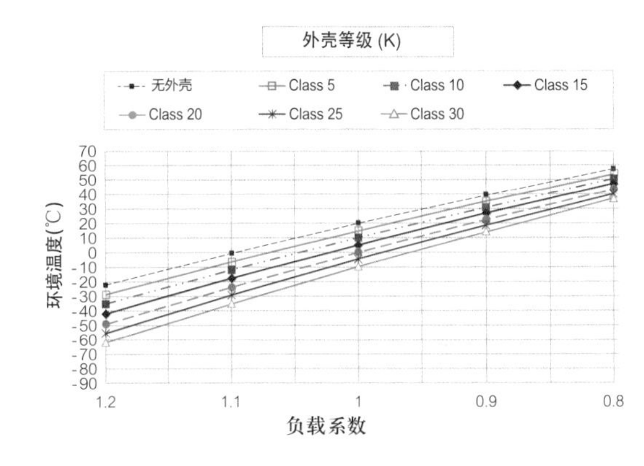

注：绝缘等级155°C（F）的带外壳干式变压器的负载系数。

图表A8：基于不同外壳类别时环境温度与干式变压器的负载系数关系

图表A8按外壳类别显示了干式变压器的负载系数，适用于耐热等级为155°C变压器绝缘系统。其他绝缘系统的相应数据可以在IEC 62271-202中找到。

根据图表A8所示，依据以下方式使用：

- 选择外壳类别对应的线；
- 在纵轴上选择变电站场所在给定时间段内的平均环境温度；
- 外壳类别对应的线与环境温度对应的线的交叉点，即为允许的变压器负载系数。

过载

环境温度

依据标准，变压器的额定功率是在正常使用温度下确定的：

- 最高环境温度为40°C；
- 日平均环境温度为30°C；
- 年平均环境温度为20°C。

根据需求，可以制造在不同环境温度条件下运行的变压器。

影响额定过载的因素

变压器的额定过载取决于变压器先前的负载、相应过载开始时的绕组和油的温度。图表A9和图表A10中分别列出了液浸式变压器和干式变压器的允许持续时间和可接受过载水平的示例。例如，如果变压器的连续负荷为其额定功率的50%，则变压器可能过载到150%或120%，只是时间存在差异。

- 油浸式变压器过载。

先前连续负荷	油温	规定过载水平（额定功率百分比）的过载持续时间（min）				
额定功率百分比(%)	(°C)	10%	20%	30%	40%	50%
50	55	180	90	60	30	15
75	68	120	60	30	15	8
90	78	60	25	15	8	4

图表A9：油浸式变压器可接受过载水平及允许过载持续时间

还应注意的是，由于油的时间常数为2~4h，而绕组的时间常数为2~6min，所以油温并不是测量绕组温度的可靠措施。因此，必须非常仔细地确定允许的过载持续时间，因为即使绕组温度超过临界温度105°C，油温变化也不明显。

- 干式变压器过载。

根据IEC 60076-12确定，适用于耐热等级为155°C的变压器。

先前连续负荷	绕组温度 绕组/热点	规定过载水平（额定功率百分比）的过载持续时间（min） 热点最高温度为145°C				
额定功率百分比(%)	(°C)	10%	20%	30%	40%	50%
50	46/54	41	27	20	15	12
75	79/95	28	17	12	9	7
90	103/124	15	8	5	4	3
100	120/145	0	0	0	0	0

图表A10：干式变压器可接受过载水平及允许过载持续时间

示例：

假设一台三相变压器（630kVA，20/0.4kV）具有1200W的空载损耗和9300W的负载损耗。

确定功率因数为1.0和0.8时的满载（示例1）和75%负载（示例2）下的变压器效率η。

示例1：

■ 满载 $\cos\varphi = 1$

$$\eta = \frac{S \times \cos\varphi}{S \times \cos\varphi + P_0 + P_k \times (S/S_r)^2} \times 100\%$$

$$= \frac{630\ 000 \times 1.0}{630\ 000 \times 1.0 + 1200 + 9300 \times (100\%)^2} \times 100\%$$

$$= 98.36\ \%$$

式中　P_0——空载损耗；

P_k——负载损耗；

S_r——变压器额定容量。

■ 满载 $\cos\varphi = 0.8$

$$\eta = \frac{S \times \cos\varphi}{S \times \cos\varphi + P_0 + P_k \times (S/S_r)^2} \times 100\%$$

$$= \frac{630\ 000 \times 0.8}{630\ 000 \times 0.8 + 1200 + 9300 \times (100\%)^2} \times 100\%$$

$$= 97.96\ \%$$

示例2：

■ 75%负载$\cos\varphi = 1$

$$\eta = \frac{S \times \cos\varphi}{S \times \cos\varphi + P_0 + P_k \times (S/S_r)^2} \times 100\%$$

$$= \frac{0.75 \times 630\ 000 \times 1.0}{472\ 500 \times 1.0 + 1200 + 9300 \times (75\%)^2} \times 100\%$$

$$= 98.66\ \%$$

■ 75%负载$\cos\varphi = 0.8$

$$\eta = \frac{S \times \cos\varphi}{S \times \cos\varphi + P_0 + P_k \times (S/S_r)^2} \times 100\%$$

$$= \frac{0.75 \times 630\ 000 \times 0.8}{472\ 500 \times 0.8 + 1200 + 9300 \times (75\%)^2} \times 100\%$$

$$= 98.33\ \%$$

2.4　变压器效率

高效率变压器旨在降低损耗，从而降低最终用户的运营成本。

损耗可分为负载损耗和空载损耗，前者与变压器负载（电流平方）成正比，后者则是由于铁心的磁化导致的，只要变压器通电就会产生，并且是恒定的，与变压器负载无关。

通过减少空载损耗，非晶铁心变压器的能效更高，因为其耗电比常规硅钢铁心变压器减少70%～80%，因此更为经济。

■ 什么是非晶铁心技术？

非晶金属是一种固体金属材料，具有高磁化率和相当高的电阻。金属原子成无序结构，并且以非晶态方式排列。非晶金属比常规硅钢更容易磁化和去磁。用于制作铁心的金属箔厚度为0.02mm，约为常规钢箔厚度的1/10，也有助于进一步降低损耗（较低涡流）。

■ 非晶金属铁心的优势：

□ 降低磁化电流；

□ 降低铁心温升；

□ 与传统钢相比损耗更低，特别是空载损耗可下降三分之二；

□ 降低温室气体排放。

各种变压器的能效概括见图表A11。

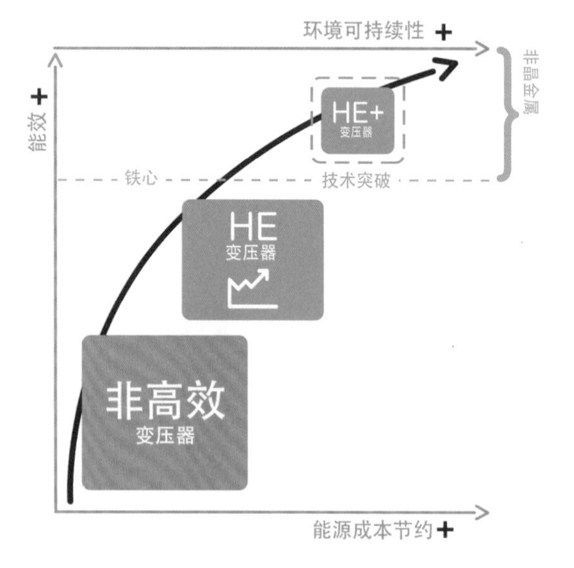

图表A11：各种变压器的能效概括

示例：
假设一台三相变压器（630kVA，20/0.4kV）具有9300W的负载损耗和6%的短路阻抗。确定功率因数为1.0和0.8时的满载（示例1）和75%负载（示例2）下电压降。电压降通过以下示例得出：
示例1：
- 满载 $\cos\varphi = 1$

$U_{drop} = S/S_B \times (e_r\cos\varphi + e_x\sin\varphi) + 1/2 \times 1/100 \times (S/S_B)^2 \times (e_r\sin\varphi + e_x\cos\varphi)^2$

$U_{drop} = 100\% \times (1.476\times1+5.816\times0) + 1/2\times1/100\times(100\%)^2\times(1.476\times0+5.816\times1)^2$

$=1.645\%$

- 满载 $\cos\varphi = 0.8$

$U_{drop} = S/S_B \times (e_r\cos\varphi + e_x\sin\varphi) + 1/2 \times 1/100 \times (S/S_B)^2 \times (e_r\sin\varphi + e_x\cos\varphi)^2$

$U_{drop} = 100\% \times (1.476\times0.8+5.816\times0.6) + 1/2\times1/100\times(100\%)^2\times(1.476\times0.6+5.816\times0.8)^2$

$=4.832\%$

示例2：
- 75%负载 $\cos\varphi = 1$

$U_{drop} = S/S_B \times (e_r\cos\varphi + e_x\sin\varphi) + 1/2 \times 1/100 \times (S/S_B)^2 \times (e_r\sin\varphi + e_x\cos\varphi)^2$

$U_{drop} = 75\% \times (1.476\times1+5.816\times0) + 1/2\times1/100\times(75\%)^2\times(1.476\times0+5.816\times1)^2$

$=1.202\%$

- 75%负载 $\cos\varphi = 0.8$

$U_{drop} = S/S_B \times (e_r\cos\varphi + e_x\sin\varphi) + 1/2 \times 1/100 \times (S/S_B)^2 \times (e_r\sin\varphi + e_x\cos\varphi)^2$

$U_{drop} = 75\% \times (1.476\times0.8+5.816\times0.6) + 1/2\times1/100\times(75\%)^2\times(1.476\times0.6+5.816\times0.8)^2$

$=3.589\%$

式中 U_{drop} ——电压降（百分数）（%）；
L_L ——负载损耗（W）；
S_B ——变压器功率（W）；
e_r ——电阻部分（VA）；
U_k ——短路阻抗（%）；
e_x ——电抗部分（VA）。

2.5 电压降

电压降是指某个绕组的空载电压与其在指定负载和功率因数下的端子电压之间的算术差值，同时另一个（一组）绕组的电压等于：
- 其额定值（如果变压器连接在主分接头上，此时绕组的空载电压等于其额定值）；
- 分接电压（如果变压器连接在另一个分接头上）。

该差值通常表示为绕组空载电压的百分比。
注：对于多绕组变压器，电压的下降或升高不仅取决于绕组本身的负载和功率因数，还取决于其他绕组的负载和功率因数（见IEC 60076-8）。

电压降计算需求

关于变压器的额定功率和额定电压的IEC定义，额定功率为输入功率，并且额定有功功率下施加在一次侧端子上的运行电压原则上不应超过额定电压。因此，负载条件下的最大输出电压是额定电压（或分接电压）减去电压降。原则上，额定电流和额定输入电压下的输出功率是额定功率减去变压器功耗（有功功耗和无功功率）。

而北美习惯，变压器的额定功率值MVA则是基于以下方式获得：在一次侧绕组上施加电压并补偿压降，以保持二次侧的额定电压不变，当二次侧在滞后功率因数大于0.8时得到额定电流，此时的输入功率为额定功率。

为保障在一定负载下输出电压能够满足要求，那么就要确定在输入端是采用相应的额定电压还是分接电压，而压降则可以利用已知或估算的变压器短路阻抗值来计算。

$$U_{drop} = S/S_B \times (e_r\cos\varphi + e_x\sin\varphi) + 1/2 \times 1/100 \times (S/S_B)^2 \times (e_r\sin\varphi + e_x\cos\varphi)^2$$

式中 e_r——电阻部分，$e_r = L_L/S_B$；
e_x——电阻部分，$e_x = \sqrt{(U_k^2 - e_r^2)}$。

示例：
假设三台变压器并联运行。第一台变压器额定容量为800kVA，短路阻抗为4.4%。其他两台变压器的额定容量和短路阻抗分别为500kVA和4.8%、315kVA和4.0%。计算三台变压器的最大总负载。
在三台变压器中，第三台变压器的短路阻抗最小。

■ 变压器1的负载：

$P_{n,1} = P_1 \times U_{k,min}/(U_{k,1}) = 800kVA \times 4/4.4 = 728kVA$

■ 变压器2的负载：

$P_{n,2} = P_2 \times U_{k,min}/(U_{k,2}) = 500kVA \times 4/4.8 = 417kVA$

■ 变压器3的负载：

$P_{n,3} = P_3 \times U_{k,min}/(U_{k,3}) = 315kVA \times 4/4 = 315kVA$

■ 三台变压器的最大负载为：

$$P_{tot} = P_{n,1} + P_{n,2} + P_{n,3} = 728kVA + 417kVA + 315kVA = 1460kVA$$

■ 三台变压器总装机功率：

$$P = P_1 + P_2 + P_3 = 800kVA + 500kVA + 315kVA = 1615kVA$$

从上面可以看出，最大总负载（1460kVA）相当于总装机容量（1615kVA）的90.4%。
应该注意的是，为了使最大总负载等于总装机容量，变压器必须具有相同的短路阻抗。

2.6　并联运行

IEC 60076-1的资料性附录提到，应当指出，并联运行并不罕见，建议用户在计划将变压器和其他变压器并联的情况下与制造商进行协商，并确定所涉及的变压器。
如果是需要将新变压器与现有变压器并联运行，应声明此事项并对现有变压器的以下信息进行说明：
■ 额定容量；
■ 额定电压变比；
■ 对应于主接头而非分接头的电压变比；
■ 主接头上额定电流下的负载损耗（校正至适当的参考温度）；
■ 主接头和极限分接头上的短路阻抗（如果极限分接头上的电压与主接头上的电压的差距大于5%）；
■ 其他分接头上的阻抗（如适用）；
■ 连接图或连接符号，或两者同时提供；
注：对于多绕组变压器，通常提供补充信息。

在本节中，并联运行是指在同一装置中的变压器之间进行直接端子间连接。只考虑双绕组变压器，该逻辑也适用于三个单相变压器，成功并联运行的条件：
■ 相同的相角关系——联结组标号（图表A12提到了其他可能的组合）；
■ 相同的变比以及一定的允差和类似的分接头范围；
■ 相同的短路阻抗标幺值——阻抗百分比，有一定允差。这也意味着两个变压器之间分接头范围内的相对阻抗变化应相似。

在以下小节中将对这三个条件做出进一步阐述。

在询问阶段，用于与现有变压器并联运行的变压器的技术规格内应体现现有变压器的信息，这一点非常重要。

在此类连接方面，有些警告较为谨慎。
■ 不可将额定容量差异太大（譬如比例超过1:2）的变压器进行并联。因为优化设计的变压器的短路阻抗是随着变压器容量变化而变化的。
■ 根据不同设计理念构建的变压器，可能在分接头范围内呈现不同的阻抗水平和变化趋势。

2.7 三相变压器常用的联结组别

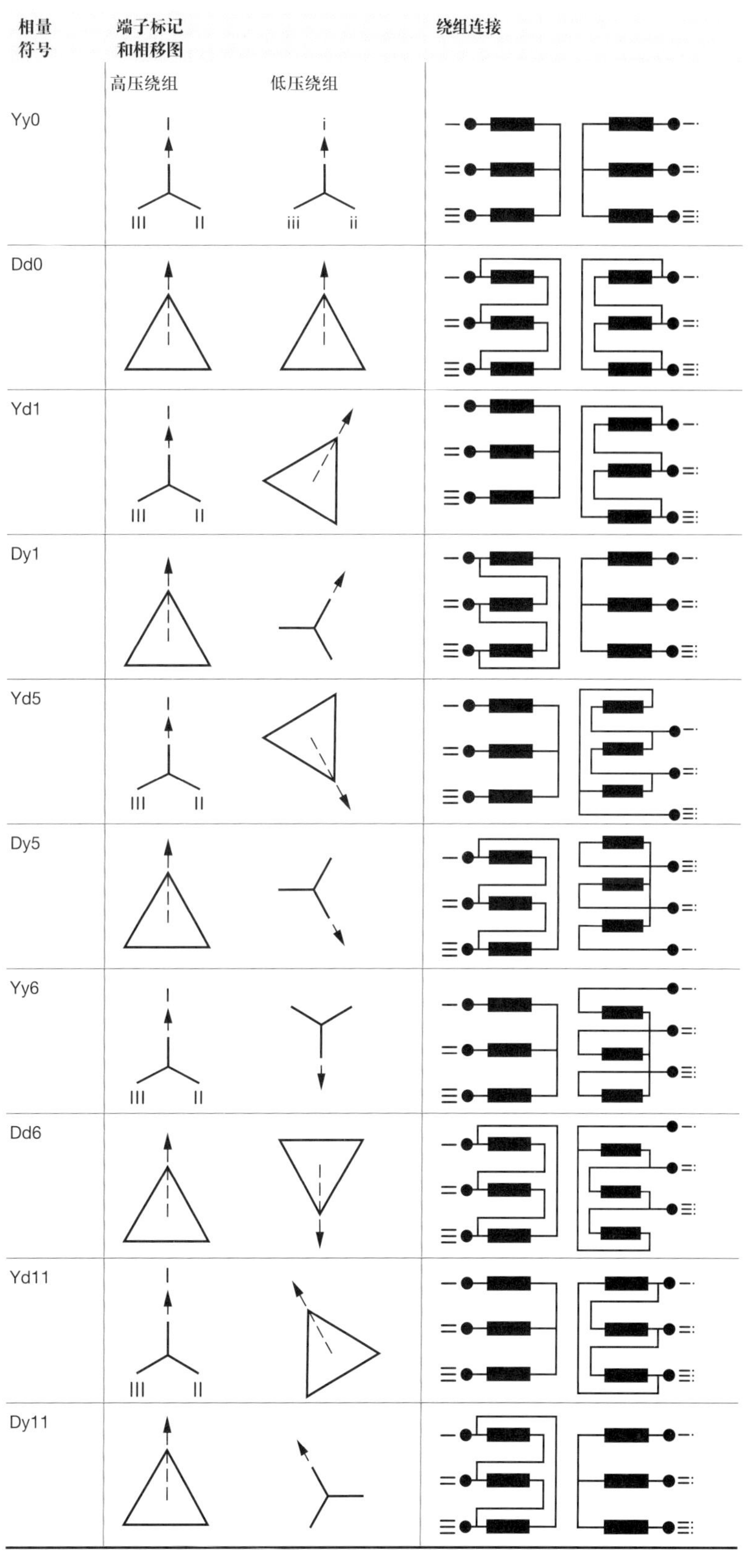

图表A12：变压器三相绕组连接方式

3　保护、控制和监控

施耐德电气公司提供现代变电站自动化、保护、控制和监控解决方案，覆盖从低压变电站到超高压输电网。

凭借在保护、控制和监控方面的领先专业知识以及覆盖全球业务，施耐德电气公司专注于提供高品质、易使用的解决方案，这些解决方案符合最新的工业标准和互操作性要求（如IEC 61850），可在整个能源生命周期中为客户带来价值。

施耐德电气公司为各个领域的能源自动化提供产品和解决方案，包括面向公用电网的先进解决方案。施耐德电气公司是众多领域的专家，这些领域包括：
- 变电站控制系统；
- 保护继电器；
- 中压故障检测、监控和控制；
- RTU；
- 电网自动化解决方案。

随着技术的进步以及公用事业和工商业组织的重大变化，人们开始重新重视二次系统工程。除了传统的测量、保护和控制功能，现在人们还要求二次系统为组织提供真正的附加值，例如降低为提高系统可用性的生命周期成本。

通过改变二次连接设备构成数字控制系统的方式，可以不断显著提高对于变电站内所有可用信息的获取能力，从而提供新的资产管理方法。

为了给现代变电站从业工程师提供参考资料，施耐德电气公司制作了一份技术参考指南[1]，涉及保护系统的各个方面，包括从基础知识和计算、基本技术到影响仪用互感器性能的因素，如暂态响应、磁饱和问题。

有用链接：
[1] https://www.schneider-electric.com/en/search/NPAG。

4　智能电网

今天的电网必须转变为智能电网。
这个转型的成功者将能够运行一个高效的智能电网，实现一代人的无碳化，并为客户提供新服务。

施耐德电气公司分享了有关电力行业如何着手提高智能化水平，以及如何在实现高度电网可靠性和安全性的同时采用新商业模式的途径。

施耐德电气公司与电力行业有着悠久的合作历史。自19世纪末以来，施耐德电气公司的专家始终与电力行业合作伙伴携手并进，为家庭和企业提供稳定的电力。
现在，电力行业的重要性不断提高，因为整个世界实现了数字化互联，而人类的繁荣取决于电力网络在全球的全天候供电能力。
施耐德电气公司的使命就是为企业创造更美好的未来，并为尚未获得公用电力的13亿人带来更美好的生活。施耐德电气公司也敏锐地意识到能源生产对地球健康的影响。

施耐德电气公司专门编写了此书[1]（见有用链接），描述自动化将如何帮助电力行业实现现代化、扩展电网、消除信息系统和运营之间的隔阂，从而利用数据改进客户服务。
施耐德电气公司探讨了电力行业如何更好地管理灵活的需求，以减少发电波动。
施耐德电气公司还探讨了电力行业如何以成本效益较高的方式改善其工厂、整合可再生能源以及建设微型电网，以生产更清洁、更安全的电力。
此书[1]包括以下章节：

1　电力行业：当前评估
2　资产管理：在大数据扩散的环境下实现简化
3　智能电网：不再只是一个神话
4　确保核电产业与时俱进并做出应有贡献
5　可再生能源整合：微妙的平衡
6　管理需求和“产销者”的影响力
7　微电网存在的意义
8　破解供电网络安全的谜题
9　外包加速：如何迅速提高技能水平

有用链接：
[1] http://schneider-electric.com/smart-utility-ebook。

5 环境

良好的电气装置设计方案，可以显著提升整个电气装置对可持续发展的贡献。
实践证明，通过考虑运行条件，中压/低压变电站位置以及配电结构（配电盘、母排、电缆、冷却方法）等因素实现电气装置设计方案优化，能够显著降低对环境的影响（包括原材料消耗、能耗及最终处置等方面），尤其是在能效方面。
为了实现生态友好的装置，除了架构要合理，电气部件和设备的环境规格也是一项基本内容。特别要确保合适的环境信息和对规则的预见性。
在欧洲，已经发布了针对电气设备的若干项指令，引领全球采用更环保、更安全的产品。

RoHS指令（限制有害物质）

自2006年7月起生效，并于2012年修订。旨在从大多数终端用户电气产品中消除六种有害物质：铅、汞、镉、六价铬、多溴化联苯（PBB）或多溴二苯醚（PBDE）。
虽然“大规模固定装置”类的电气装置并不在其范围内，不过对于可持续发展装置，建议满足RoHS的要求。

WEEE指令（电气和电子设备废料）

WEEE指令旨在以防止WEEE作为首要任务，促进可持续生产和消费，并通过对此类废物进行再利用、回收利用和其他形式的回收，减少废物处置量，并帮助有效利用资源和回收有价值的次生原材料。它还力求提高所有涉及EEE生命周期的运营方的环境绩效，例如生产商、经销商和消费者，特别是直接参与WEEE收集和处理的运营方。
WEEE指令适用于欧盟所有成员国。
电气装置不在RoHS指令的范围内。但是，推荐使用废旧产品信息来优化回收流程和成本。
标记：在特殊情况下，如果因产品的尺寸或功能需要，应将此符号印在EEE的包装、使用说明书和保修书上。

- 根据WEEE指令第3.1 (a)条，中压元件不在EEE范围内，但应注意嵌入式监控电子设备。

- 能源相关产品，也称为生态设计。

除某些必须采取实施措施的设备（如照明或电机）外，目前还没有直接适用于装置的法律要求。然而，提供电气设备时附带环保产品声明已成为一种趋势。根据对建筑市场未来要求的预测，建筑产品也面临这种趋势。

REACh：化学品注册、评估和许可

自2009年起施行，旨在控制化学品使用，并在必要时限制应用，以减少对人类和环境的危害。针对能源效率和装置，该指令要求所有供应商均需应要求向客户通告其产品中含有的有害物质（称为“高度关注物质”）。
在这种情况下，安装人员必须确保其供应商能够提供适当的信息。在世界其他地方，也将遵循相同的目标推出新法规。

但这些欧洲指令均得到了以下国际标准的支持：
- 生态设计（IEC 62430）；
- 材料和物质声明（IEC 62474）；
- RoHS法规（IEC/TR 62476）；
- 回收声明（IEC/TR 62635）和环保声明（PEP ecopassport®计划）（ISO 14025）。

一些提供商或供应商可能不满足于仅履行其自身义务，而是寻求满足这些指令和标准的目标或要求。

6　预制式金属封闭和金属铠装开关设备

首先，介绍一些关于中压开关设备的关键信息，这些信息是来自国际电工委员会（IEC）和ANSI/IEEE的信息。

6.1　引言

所有中压装置的设计师，都需要了解以下基本量值：

- 电压；
- 电流；
- 频率；
- 短路容量；
- 运行条件；
- 可接近性或类别；
- 防护等级；
- 内部电弧（如适用）。

电压、额定电流和额定频率通常已知或容易确定，但是如何才能计算装置中给定点的短路容量或短路电流？

已知网络的短路容量，设计人员才能选择开关柜中的各个部件以耐受短路带来的极大温升和电动应力。已知运行电压(kV)，设计人员可以通过绝缘配合来检查元件适合的绝缘耐压。
例如：断路器、绝缘子、电流互感器。

利用开关设备，可以对电网进行断开、控制和保护。

IEC　62271-200定义了金属封闭开关设备的全球分类标准，而美国的ANSI/IEEE C37.20.3和IEEE C37.20.2则使用几个标准为北美市场定义了相近功能规程。

- 人员可接近的间隔；
- 主断路器间隔断开时运行连续性丧失水平；
- 带电部分和开启后可进入的间隔之间的金属或绝缘隔板类型；
- 在正常工作条件下内部电弧耐受水平。

6.2 电压

示例：
- 运行电压20kV；
- 额定电压24kV；
- 工频耐受电压50Hz 1min, 50kV rms值（有效值）；
- 冲击耐受电压1.2/50μs:125kV（峰值）。

电网运行电压*U*（kV）

加在设备端子的电压。

设备安装处的运行电压或电网电压。受到网络运行、负载水平等相关因素的影响。

开关设备的额定电压U_r（kV）

这是设备在正常运行条件下能承受的电压最高rms值（有效值）。

额定电压应高于运行电压的最高值，并与绝缘水平相关。

额定绝缘水平U_d（kV，rms值）和U_p（kV，峰值）

绝缘水平的定义为一组耐受电压值，且为中压开关设备规定了两个耐受电压。

- U_d：**工频耐受电压**。耐受电压可视为包含相当低的概率所有事件，典型的是来自内部的过电压，伴随电路中的所有变化：断开或闭合电路、跨绝缘子的击穿或短路等。对应的型式试验项目为1min 工频耐压试验。

- U_p：**雷电冲击耐受电压**。这种耐受电压可视为包含所有高频事件，典型的是当雷电击中或靠近线路时，会产生外部或大气的过电压。相关型式试验指定为约定波形冲击耐受试验（即1.2/50μs）。这种性能也被称为“BIL”（基本冲击水平）。

注：IEC 62271-1:2011第4条规定了多种电压值，同时第6条中规定了绝缘试验的条件。IEEE C37.100.1规定了在北美使用的额定绝缘水平。

标准

图表A13提到了IEC 62271-1:2011标准（正常运行条件下标称运行电压的通用规定）所定义的额定电压。

额定电压（kV rms）	额定雷电冲击耐受电压［1.2/ 50μs，50Hz，kV（峰值）］		额定工频耐受电压（1min kV rms）	标称运行电压（kV rms）
	列表1	列表2		
7.2	40	60	20	3.3～6.6
12	60	75	28	10～11
17.5	75	95	38	13.8～15
24	95	125	50	20～22
36	145	170	70	25.8～36

图表A13：IEC 62271-1:2011定义的标称运行电压通用规则

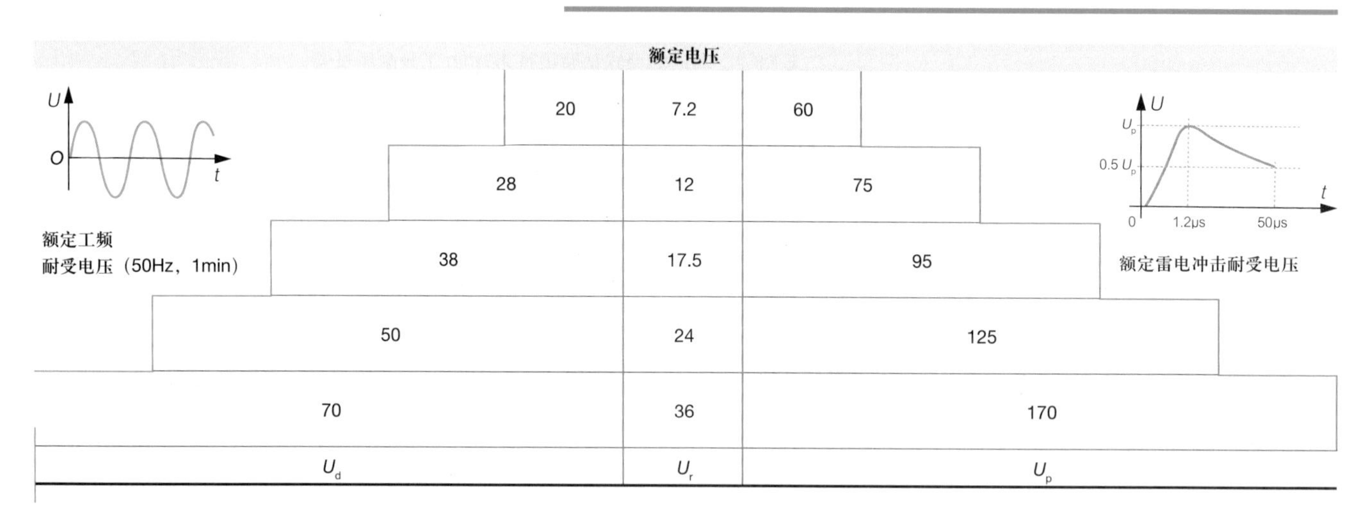

图表A14：IEC标准化电压示意图

图表A13和图表A14中耐受电压值的定义条件为：海拔低于1000m、温度20℃、湿度11g/m^3、大气压101.3kPa的正常运行条件。
对于其他条件，可应用修正系数进行测试。
在不同条件下使用时，必须考虑降容。
对于电气装置，相关IEC 61936-1:2010标准在图表A15中提供了被认为可提供所需耐受电压的空气间隙。使用这种间隙的装置不需要进行绝缘测试。

额定电压（kV rms）	额定雷电冲击耐受电压（1.2 / 50μs）	户内相距地和相间空气间隙（cm）
7.2	60	9
12	75	12
17.5	95	16
24	125	22
36	170	32

图表A15：相应额定电压下所需要的空气间隙

6.3 电流

额定电流：I_r（A）

设备在永久接通时不超过标准中允许温升所能承受的电流有效值。
图表A16根据触点类型给出了IEC 62271- 1:2011规定的温升限值。

温升

取自IEC 62271-1:2011标准见图表A16。

部件材料性质和绝缘材料性质（参见第1、第2、第3点）（参见注）	温度 (°C)	$\theta-\theta_n$(K) θ_n= 40°C
1.接触点（请参阅第4点）		
裸铜或裸铜合金		
在空气中	75	35
在SF_6中（参见第5点）	105	65
在油中	80	40
镀银或镀镍（参见第6点）		
在空气中	105	65
在SF_6中（参见第5点）	105	65
在油中	90	50
镀锡（请参阅第6点）		
在空气中	90	50
在SF_6中（参见第5点）	90	50
在油中	90	50
2.螺栓连接或等效设备（参见第4点）		
裸铜或裸铜合金或裸铝合金		
在空气中	90	50
在SF_6中（参见第5点）	115	75
在油中	100	60
镀银或镀镍（参见第6点）		
在空气中	115	75
在SF_6中（参见第5点）	115	75
在油中	100	60
镀锡（请参阅第6点）		
在空气中	105	65
在SF_6中（参见第5点）	105	65
在油中	105	60

图表A16：不同部分及材料的温度限值和温升

第1点　根据其功能，同一部件可能属于表A16所列的数个类别。

第2点　对于真空开关设备，温度值和温升限值不适用于真空中的部件。
其余部件不得超过表A16给出的温度值和温升值。

第3点　应注意确保周围绝缘材料不会受到损坏。

第4点　当接合部件涂层不同或一个部件是裸金属材料时，允许的温度和温升应为：
a) 拥有表A16第1项所允许表面材料的温度和温升的最低值（对于接触点）。
b) 拥有表A16第2项所允许表面材料的温度和温升的最高值（对于连接）。

第5点　SF_6指纯SF_6或SF_6与其他无氧气体的混合物。
注：由于没有氧气，在使用SF_6开关柜的情况下，应协调不同接触点和连接部件的温度限值。IEC 60943为允许的温度规定提供了相关指导，据此，裸铜和裸铜合金部件的允许温度限值，可以与银涂层或镀镍部件在SF_6环境下的值相同。
在镀锡部件受到微动腐蚀影响的特殊情况下(参见IEC 60943)，则不可升高允许温度，即使在SF_6无氧条件下也不允许。因此，应保持镀锡部件的初始值。

第6点　电镀触点的质量应能够使接触区域中的电镀材料层保持连续：
- 接通和分断试验后(如有时)；
- 短时耐受电流测试后；
- 机械寿命试验后。

根据各设备的相关规格。否则，触点必须被考虑为“裸触点”。

注意：MV开关设备的最常用额定电流(A)为：400、630、1250、2500和3150。

母排和连接的温度限值和温升，不应超过针对“金属铠装”的IEEE C37.20.2标准中列出的值，摘要列入图表A17。

母排或连接类型b、c、d(2)(3)(4)	最热点温升限值（°C）	最热点总温度限值（°C）
带无镀层铜-铜 连接的母排与连接	30	70
带银质表面或等效连接的 母排与连接	65	105
带锡质表面或等效连接的 母排与连接	65	105
与绝缘电缆的 无镀层铜-铜连接(1)	30	70
与绝缘电缆的银质表面 或等效表面层连接(1)	45	85
与绝缘电缆的锡质表面 或等效表面层连接(1)	45	85

(1) 基于90°C的绝缘电缆。在金属封闭开关柜的任何一个隔间内，绝缘电缆周围的空气温度不得超过65°C。

1）开关柜中设计有最大电流额定值的元件。

2）在额定电压和额定工频下承载额定连续电流。

3）环境空气温度为40°C。

该温度限值基于使用90°C的绝缘电力电缆设置。如要使用低温额定电缆，则应做特殊考虑。

(2) 所有铝制母排的搭接点应镀银、镀锡或采取同等措施。

(3) 焊接母排连接不视为连接。

(4) 如果母排或连接的材料或镀层不同，则允许的温升最终温度值，应为表中导体或镀层所允许的最低的那个值。

图表A17：母排和连接的温度限值和温升

连接的温度限值和温升，不应超过针对金属封闭设备的IEEE C37.20.3标准中列出的值。

部件材料性质和绝缘材料性质 （参见第1点）	温度 (°C)	$\theta-\theta_n$(K) θ_n= 40°C
螺栓连接或等效器件		
裸铜或裸铜合金或裸铝合金		
在空气中	70	30
镀银或镀镍		
在空气中	105	65
锡质表面		
在空气中	105	65

第1点：当连接部件的涂层不同或其中一个部件是裸金属材料时，则允许的温度和温升为本表中表面材料所允许的最高的那个值（对于连接处）。

图表A18：不同材料连接的温度限值和温升

示例：
运行电压为5.5kV的一个开关柜，有1个630kW电机馈线和1个1250kVA变压器馈线。

- 计算变压器馈线的工作电流：
  视在功率 $S=U\times I\times\sqrt{3}$，则

$$I=\frac{S}{U\times\sqrt{3}}=\frac{1250}{5.5\times\sqrt{3}}\text{A}=130\text{A}$$

- 计算电机馈线的工作电流：
  功率因数$\cos\varphi=0.9$，电机效率$\eta=90\%$，则

$$I=\frac{S}{U\times\sqrt{3}\times\cos\varphi\times\eta}=\frac{630}{5.5\times\sqrt{3}\times0.9\times90\%}\text{A}=82\text{A}$$

额定短时耐受电流：I_k（A）

开关设备和控制设备在规定使用和性能条件下，在指定短时间内可以在闭合位置承载的电流有效值。短时间一般为1s或2s，有时为3s。

额定峰值耐受电流：I_p（A）

在规定使用和性能条件下，开关设备和控制设备可以在闭合位置承载的额定短时耐受电流的第一个周期的峰值电流。

工作电流：I (A)

根据连接到所考虑回路的设备的耗电量计算出来的。此电流是真正流经设备的电流。如果信息未知，为了计算此电流，客户应提供此信息。如耗电设备的功率已知，则可以计算工作电流。

最小短路电流

电气装置的$I_{sc\ min}$(kA rms)(见B章第3小节“短路电流”内容)。

最大短路电流

电气装置的I_{th}(kA rms，1s、2s或3s)(见B章第3小节“短路电流”内容)。

最大短路峰值电流

电气装置的I_{dyn}(kA峰值)：暂态过程中的第一个瞬时峰值(见B章第3小节“短路电流”内容)。

6.4　频率

世界范围通常使用两种频率简列如下，了解在不同网络中使用两种频率一些国家和地区：

- 50Hz（欧洲、非洲、亚洲、大洋洲、南美洲南部，所提到的使用60Hz的国家除外）。
- 60Hz（北美、南美洲北部、沙特阿拉伯王国、菲律宾、韩国、日本南部）。

6.5　开关设备功能

图表A19描述了中压网络中的不同通断和保护功能及图解。

名称和符号	功能	电流切换	
		工作电流	故障电流
隔离开关	隔离		
接地开关	连接到地		（短路接通能力）
负荷开关	通断负载	•	
负荷隔离开关	通断 隔离	•	
断路器	通断 保护	•	•
接触器	通断负载	•	
抽出式接触器	通断隔离（抽出时）	•	
熔断器	保护 不隔离		•（一次）
抽出式设备	参见相关功能	参见相关功能	参见相关功能

• 是。

图表A19：各中压电气元件的符号及保护功能

6.6 可触及性和运行连续性

由于操作和维护诸多的原因，用户接近开关设备的一些部件，可能会影响开关设备的整体运行，从而降低可用性。
IEC 62271-200提出了面向用户的定义和分类，旨在描述开关设备的进入方式及其对装置的影响。有关适用于美国的外壳类别，请参见IEEE C37.20.2和C37.20.3。

制造商应说明哪些开关设备部件可以检修（如有的话），以及如何确保安全。出于此目的，必须对隔间进行定义，而且部分隔间将被授权可进入。

提出了三类可进入隔间：
- **联锁**控制的进入：开关设备的互锁功能确保只能在安全条件下打开。
- 基于**程序**的进入：通过诸如挂锁等手段来确保进入安全，并且操作员应当采取适当的程序来确保安全进入。
- 基于**工具**的进入：如有打开隔间需要使用工具，则操作人员应注意，没有任何预防措施能够确保安全打开，并且应使用适当的程序。此类别仅限于没有进行正常操作和维护的隔间。

如果不同隔间的可进入性已知，则可以评估打开隔间对装置运行的影响，即“运行连续性中断”的概念。因此，IEC提出了LSC分类：“当打开可进入的高压隔间时，其他高压隔间和/或功能单元保持通电的可能性的类别”。

如果没有提供可进入隔间，则LSC分类不适用。

根据“在能够进入高压隔间的情况下，开关设备和控制设备能在多大程度上保持运行”，定义了几个类别：
- 除了被干预的那个单元，其他功能单元均断电，那么服务是局部的：LSC1。
- 如果至少有一组母排可以保持通电，并且所有其他功能单元均可以保持运行，则服务是最优的：LSC2。
- 如果在单个功能单元内，除电缆隔间外的其他隔间均可进入，则可以在分类LSC2后使用后缀A或B，以区分在进入其他隔间时电缆是否断电。

但是，真的有什么好理由去请求进入一个给定功能单元吗？
这才是关键。

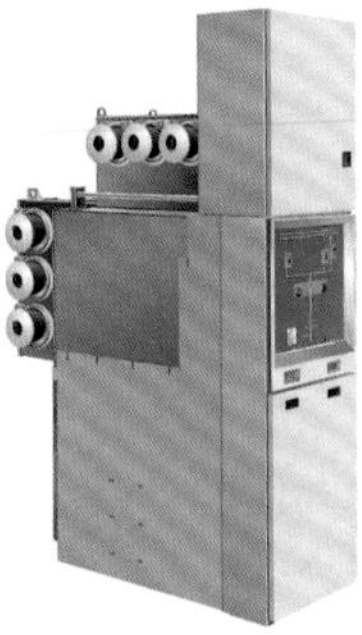

图表A20：WS-G

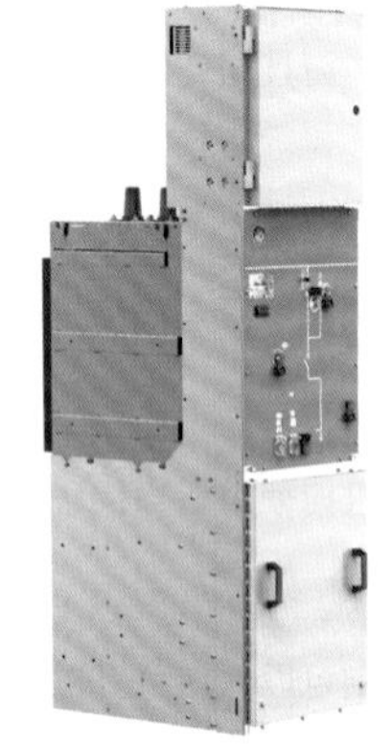

图表A21：GMA

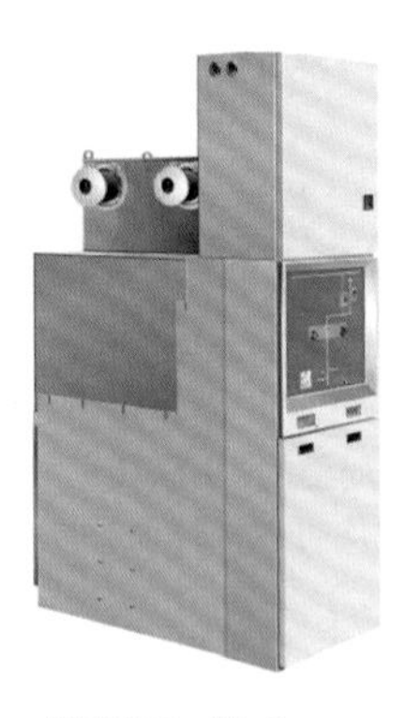

图表A22：WI-G

6.7　示例

示例1

含有真空隔离开关的GIS（施耐德电气WS-G见图表A20，最高可达40.5kV），在制造厂里填充SF_6气体，这样在现场就无需处理气体。
所有组装工作都在受控条件下于工厂内进行，机柜在现场交付后“即可连接”。
充气箱体中的设备在使用寿命期内无需维护。
诸如互感器或驱动机构等组件则位于充气隔间外部，可以进入。
WS-G有SBB和DBB解决方案。其设计为金属外壳，并且带有LSC2的隔间之间配有金属隔板（PM）。

示例2

该SBB气体绝缘开关设备（施耐德电气GMA见图表A21，最高电压24kV）在一个充满SF_6气体的箱体内，包含着断路器和三位置开关。
其母排位于顶部，为全绝缘、屏蔽并可连接的系统，可安全触摸。
互感器可选择安装在母线侧和电缆侧，在气体隔间外，并可进入。
所有操作都可以从正面进行，节省柜后空间的安装。
母排和高压电缆可以连接到标准的外锥形套管上。根据IEC 62271-200标准定义，运行连续性中断（LSC）级别为LSC2。

示例3

含有真空隔离开关的GIS（施耐德电气WI-G见图表A22，最高可达40.5kV），在制造厂里填充SF_6气体，这样在现场就无需处理气体。
所有组装工作都在受控条件下于工厂内进行，机柜在现场交付后“即可连接”。
充气箱体中的设备在使用寿命期内无需维护。
诸如互感器或驱动机构等组件则位于充气隔间外部，可以进入。
WI-G有SBB解决方案。其设计为金属外壳，并且带有LSC2的隔间之间配有金属隔板（PM）。

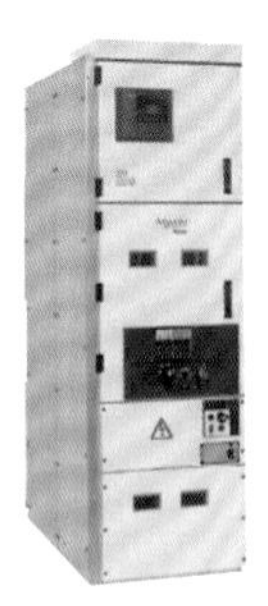
图表A23：MCset(AIS)

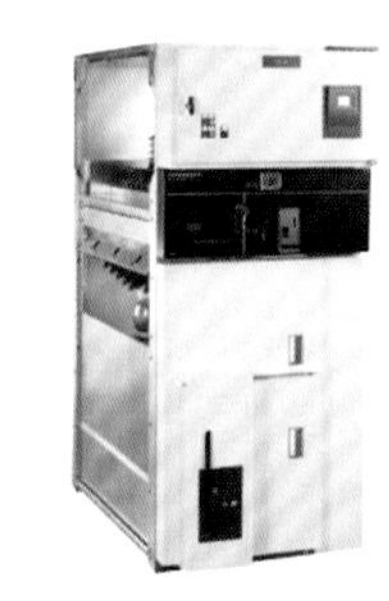
图表A24：SM6(AIS)

图表A25：RM6(GIS)

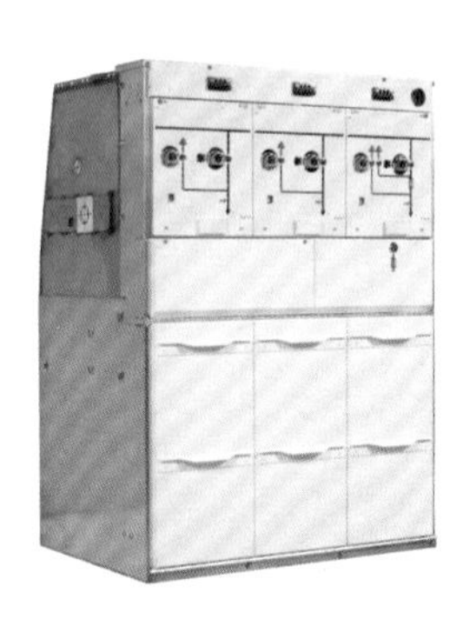
图表A26：FBX

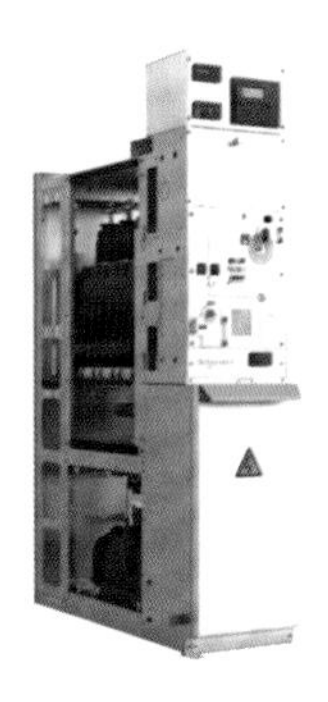
图表A27：Premset

示例4

可抽出式空气绝缘开关设备（施耐德电气MCset见图表A23），结构非常经典，具有联锁可进入的隔间，用于连接电流互感器以及主开关设备。

借助抽出功能，主开关设备隔间可独立于其他高压隔间；而且在进入断路器隔间时，电缆（当然还有母排）可以保持通电。

LSC分类适用，类别为LSC2B-PM，与施耐德电气PIX系列相同。

示例5

典型的二次配电开关设备，只有一个用于连接的联锁可进入隔间（施耐德电气SM6见图表A24）。当接近开关设备内的一个隔间时，所有其他功能单元均可继续保持运行。类别为LSC2。

大多数环网柜解决方案都会出现类似的情况。

示例6

这是一种独特的功能单元，可在一定范围内使用：可在组件母排上提供电压互感器和电流互感器的计量单元［这里指施耐德电气RM6（图表A25）和FBX（图表A26)］。

该单元只有一个隔间可以进入以更换互感器或更改其变比。进入此隔间时，开关柜的母排应该断电，防止任何持续运行。该功能单元为LSC1级。

示例7

新一代中压开关设备融合了大量创新技术。

屏蔽固体绝缘系统（SSIS）大大降低了内部电弧故障的风险，因而此类开关设备能够更好地适应恶劣环境。

紧凑型模块化真空开关设备组件（施耐德电气Premset见图表A27）可提供众多功能选择，旨在满足所有应用需求。

该功能单元为LSC2A-PM级。

Smart HVX
全新智能中压断路器

Smart HVX采用内嵌式，自供电设计的温度智能监测方案，安全免维护，运行状态全面感知。
非接触式无线通信和NFC自动识别组网技术，快捷安全。
监测断路器操作与配合状态，避免事故的发生。
合分闸线圈/储能电机智能监测，全面掌握健康状态，预测寿命趋势。

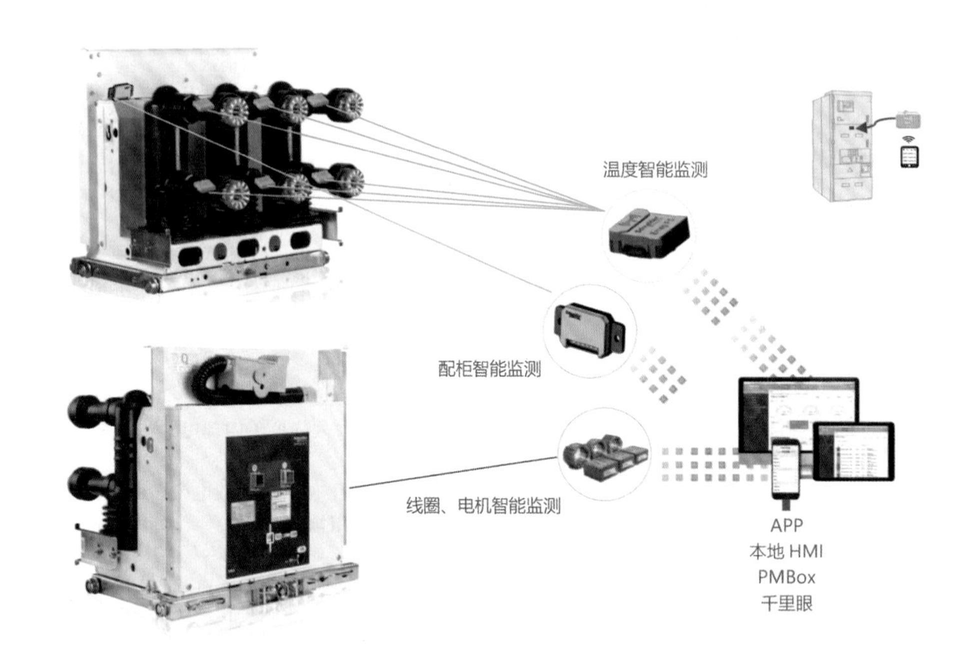

应用领域

- 电力系统
- 数据中心
- 商业建筑
- 电子厂房

产品技术参数

- 额定电压：12kV
- 额定电流：630~4000A
- 额定短路开断电流：25~50kA
- 额定峰值耐受电流：(50/60Hz)：63~137kA

第B章　设计规则

目录

1　使用条件

掌握室内使用条件有助于掌握电气元器件的使用寿命。

1.1　室内中压设备的正常使用条件

在对开关柜设计规则进行任何描述之前，有必要回想一下开关柜应安装的位置。
中压开关柜安装在不同设计的各种房间中，可能会或多或少地影响其老化速度或预期寿命。
因此，下面将重点介绍与中压/低压电气装置设计相关的使用条件对它的影响。
应注意IEC标准中现有中压开关柜和低压开关柜使用条件的标准差异，如海拔和污染等级。

使用条件

本章旨在提供在使用条件的设计阶段应考虑的一般原则。
对于操作室而言，所面临的挑战就是将设计开关装置和控制装置时所需考虑的室外使用条件，转换为室内使用条件。
本章还提供了一个指南，说明在安装配有不合适的冷却系统的变压器房，如何避免或尽量减轻因潮湿、污染和过热环境引起的中压设备性能降级。

室内中压设备的正常使用条件

所有中压设备必须符合其特定标准。
IEC 62271-1标准“高压开关柜和控制设备通用规范”和适用于北美地区的C371.100.1标准，规定了安装和使用这类设备的正常使用条件。
环境空气温度不超过40°C，在24h内测得的平均值不超过35°C。
最低环境空气温度的优选值是–5°C、–15°C和–25°C。例如，对于污染和与凝结相关的湿度，该标准有如下陈述：

■ 污染：环境空气不能有明显的尘埃、烟雾以及腐蚀性和/或易燃气体、蒸汽或盐污染。制造商会认为，如果用户没有提出这方面具体要求，则不存在这些污染。

■ 湿度：
□ 在24h内测得的平均相对湿度值不超过95%；
□ 在24h内测得的平均水蒸气压力值不超过2.2kPa；
□ 月平均相对湿度值不超过90%；
□ 月平均水蒸气压力值不超过1.8kPa。

在这种条件下，可能偶尔出现冷凝。

备注1：如果在高湿度时期发生温度突变，则可以预期会出现冷凝。

备注2：为承受高湿度和冷凝的影响，如绝缘击穿或金属零件腐蚀，应使用针对这些条件而特别设计的开关柜。

备注3：可通过特别设计的楼宇或房屋、适当的变电站通风和加热或使用除湿设备防止冷凝。

1.2 室内中压设备的特殊使用条件

如果需要在环境温度可能超出正常使用条件范围的地方安装设备，则应指定最小和最大优选温度范围：

- –50°C和+40°C（极寒气候）；
- –5°C和+55°C（极热气候）。

例如，关于污染和与冷凝有关的湿度，该标准有如下陈述：

- 污染：

对于室内安装，可以参考IEC/TS 62271-304，其中定义了针对在恶劣气候条件下使用的开关柜和控制装置的设计类别。

严重程度分为0、1和2三类，总结见图表B1："L"代表"轻"，而"H"代表"重"：

严重程度		污染	
		PL	PH
冷凝	CO	0	1
	CL	1	2
	CH	2	2

图表B1：凝露和污秽严重等级

- 湿度：

在某些经常出现暖湿风的地区，温度的突然变化甚至可能会在室内导致出现冷凝。在热带室内条件下，在24h内测得的相对湿度平均值可能达到98%。

- 其他：

如果在计划使用开关柜和控制设备的地点特殊环境条件较为常见，应由用户参考IEC 60721指定使用条件。

1.3 如何确定实际使用条件

多种使用条件与安装设计、操作室设计、场地和安装周围的应用有关，并最终与季节有关。
这些参数组合起来，可以生成一个能够影响产品寿命的矩阵。除了大气的腐蚀外，某些环境对中压电气组件的影响更为严重，甚至对污染级别定义与中压组件不同的低压组件也有严重影响。通过下面的内容，我们能够理解适用的标准或技术规范，是如何通过易于识别的安装标准相互影响的。

正如在IEC 62271-1标准中所示，即使在正常情况下，也偶尔会出现凝结。该标准还进一步指出了涉及变电站设施的特殊防冷凝措施。

然而，在针对特定现场产品应用选择环境因素时，建议检查这些条件以及单个、组合和连续因素发生时的影响。此分析必须根据其各自的标准，与产品设计针对的环境条件进行交叉核对。

在严重情况下使用

在某些大大超出上述正常使用条件的严重潮湿和污染条件下，正确设计的电气设备，可能因金属部件快速腐蚀和绝缘部件表面降级而受到损害。

冷凝问题的补救措施

- 仔细设计或调节变电站通风；
- 避免温度变化；
- 在变电站环境中消除湿气源；
- 安装暖通空调单元(HVAC)；
- 确保电缆敷设符合相关规定。

污染问题的补救措施

- 为减少灰尘和污染进入，变电站应配备带人字形挡板的通风口，特别是在变压器与开关柜或控制设备安装在同一房间的情况下。
- 将变压器安装在不同的房间，或者使用更有效的通风系统（如果有）。
- 将变电站通风保持在变压器散热所需的最低水平，以减少污染和粉尘进入。
- 使用防护等级（IP）足够高的中压机柜。
- 使用进气口带过滤器的空调系统或强制送风冷却，以限制污染和灰尘的进入。
- 定期清洁金属部件和绝缘部件的所有污染痕迹。

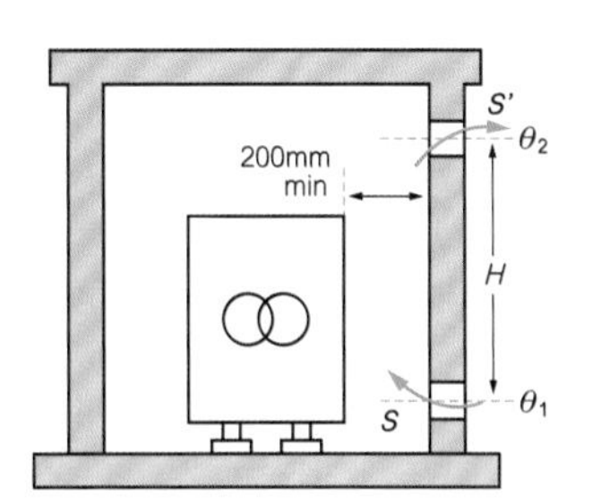

图表B2：自然通风

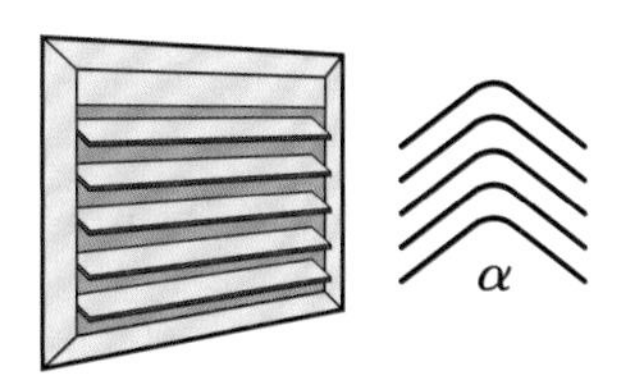

IP23人字形百叶窗叶片

（如果$\alpha = 60°$，则$\xi = 33$；如果$\alpha = 90°$，则$\xi = 12$）

叶片之间的空间被扩展到IP2x允许的最大范围，因此低于12.5mm。

其他开口：

IP43，额外防虫钢丝网，孔眼面积1mm²，使用直径0.6mm钢丝，完全覆盖通风网≥ξ+5。

IP23，开口仅为38mmx10mm：$\xi = 9$

图表B3：空气流量试验所定义的压力损失系数

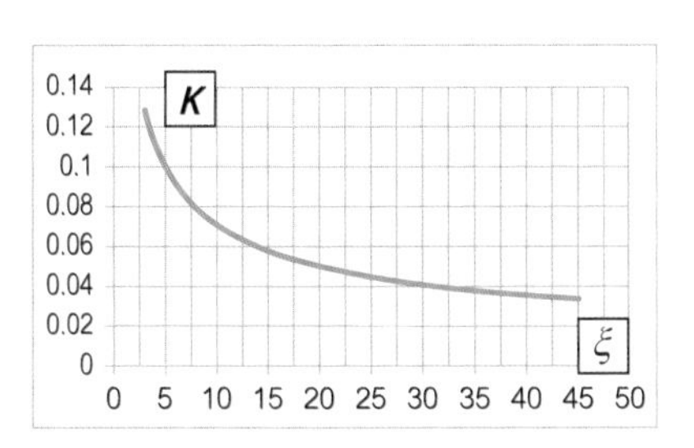

图表B4：通风网格的影响

通风

综述

变电站通风通常需要用来散逸变压器和其他设备所产生的热量，并且在特别潮湿的时候进行干燥。

然而，大量研究表明，过度的通风会大大增加冷凝。

高压/低压预制变电站

无论将哪种变压器和高压/低压开关柜安装在同一房间内，都将影响产品的寿命，原因如下：

- 变压器加热所产生的任何空气变化都能降低辐射的影响。这种气流变化即自然对流。
- 通过采用隔墙将变压器与高压/低压开关柜隔离，将改善温和气候下开关柜的运行状况。
- 在没有变压器因而不会有空气变化的房间内，开关柜均应安装在隔热外壳中，以保护其不受室外环境（灰尘、湿度、太阳辐射等）的影响，尤其是在非常炎热和寒冷的气候条件下。

因此，通风应保持在所需的最低水平。

此外，通风不应产生突然的温度变化，因为这可能导致达到露点。

因此，只要有可能，就应该使用自然通风。如果必须采用强制通风，风扇应该连续运转以避免温度波动。当强制通风不足以保证开关柜的室内使用条件或当安装设备周围是危险区域时，暖通空调单元必须将室内使用条件与室外使用条件完全分开。

自然通风（图表B2）对中压装置而言是最常用的通风方式，在此基础上提出了对高压/低压变电站的空气进出开口的指导意见。

计算方法

该范围适用于空气进口和空气出口使用相同通风网格的建筑和预制外壳。在设计新变电站或对发生冷凝问题的现有变电站进行改造时，可使用多种计算方法对变电站通风孔的所需尺寸进行估算。

基本的方法是基于自然对流对变压器的损耗。

可以使用下列公式来估算所需的通风开口面积S和S'，无论是否知道通风格栅的空气阻力系数均可，参见图表B3。术语的定义见下页。

$Q_{nac}=P-Q_{cw}-Q_{af}$　自然空气循环的损耗（kW）

$S = 1.8 \times 10^{-1}\ Q_{nac}/\sqrt{H}$（如果空气流动阻力未知）　（B1-1）

$S' = 1.1 \times S$

式中　S和S'——有效净面积。

人字形叶片：

$S=Q_{nac}/[K \times \sqrt{H} \times (\theta_2-\theta_1)^3]$（$K=0.222\sqrt{1/\xi}$）（图表B4）　（B1-2）

$S' = 1.1 \times S$

式中　S和S'——总面积。

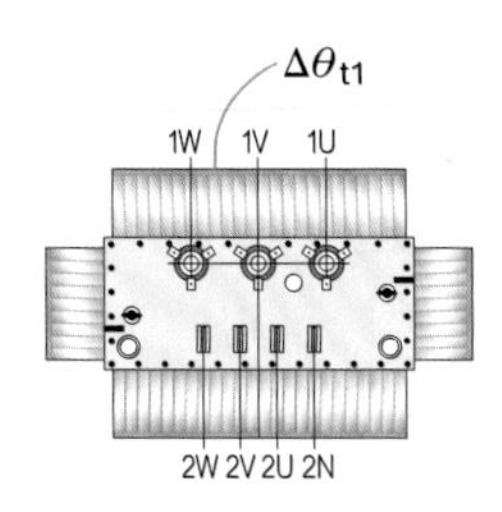

$\Delta\theta_{t1}=t_{t1}-t_{a1}$，其中$t_{t1}$是变压器在额定功率下的温度1（IEC 60076-2:2011和IEC 60076-11:2004），而t_{a1}则是房间的环境温度1。

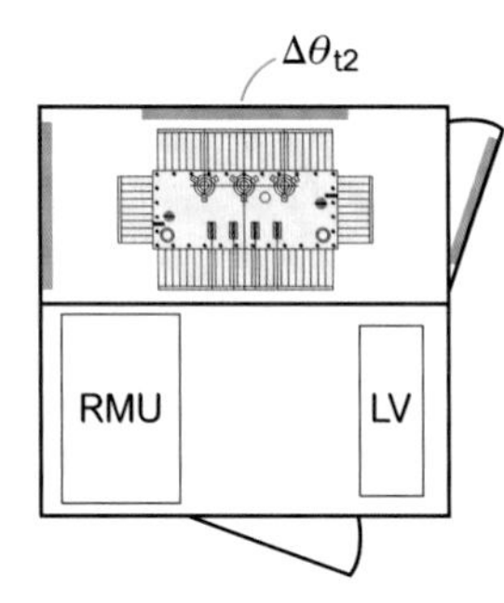

$\Delta\theta_{t2}=t_{t2}-t_{a2}$，其中$t_{t2}$是变压器在额定功率下的温度2（IEC 60076-2:2011和IEC 60076-11:2004），而t_{a2}是环境温度2（壳体外部）。

图表B5：变压器温升定义

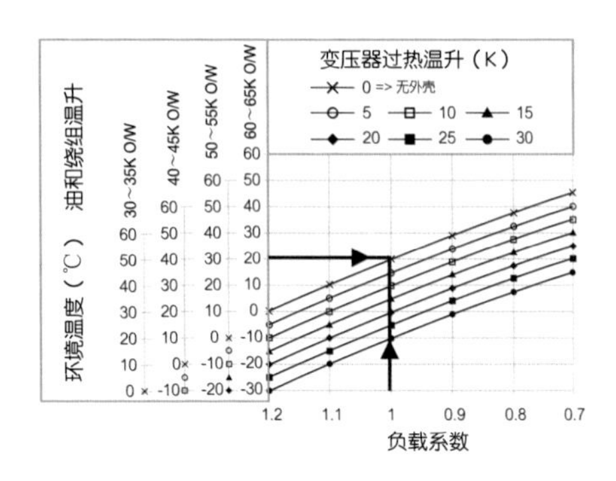

图表B6：油浸式变压器负载系数

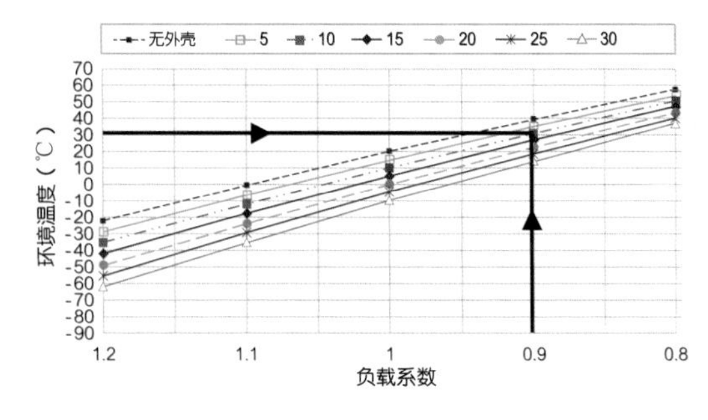

图表B7：干式变压器负载系数（155°C绝缘等级）

Q_{nac}——自然空气循环的损耗（kW）；

P——以下各项能量损耗的总和（kW）。

- 变压器(空载损耗和负载损耗)；
- 低压开关柜；
- 中压开关柜；

Q_{cw}——通过墙壁和天花板传导的散热（kW）（本例中假设$Q_{cw}=0$），对于使用混凝土材料的10m²预制变电站，通过墙壁、天花板（Q_{cw}）和板材传导造成的损耗可能在200W（绝热外壳）到最高达4kW之间；

Q_{af}——通过强制空气循环实现的散热（kW）（本例中假设$Q_{af}=0$），θ_1和θ_2分别为入口和出口的空气温度（°C）；

ξ——进风口和出风口局部阻力系数之和；

S——上述公式(B1-1) 和公式(B1-2) 中的下部（进气）通风口面积（m²）；

S'——上述公式(B1-1) 和公式(B1-2) 中的上部（出气）通风口面积（m²）；

H——出风口和进风口中心高度差(m)；

$\theta_2-\theta_1$——空气温升，对于油浸式变压器，对应其两倍变压器过热（负载导则IEC 60076-7），对于干式变压器对应单倍过热(负载导则IEC 60076-11)。

变压器过热指的是额外温升。
对于油浸式变压器而言，过热指的是油温升的最大上限（图表B6）；对于干式变压器而言，由于安装在外壳内，则指的是平均绕组温升（图表B7）。
示例：油浸式变压器的温升为60K，但是如果外壳内过热预计达到10K，则温升将变为70K。

如果$\Delta\theta=(\theta_2-\theta_1)$ =15K，则公式（B1-2）接近公式（B1-1）；如果$\xi=5$，则$K=f(\xi)=0.1$。
这相当于开放式开口，没有通风网。
当K=0.1时，IEC　60076-16标准（针对风力发电机应用中的变压器）中使用的是公式(B1-2)。

如果根据IEC 62271-202（高压/低压预制变电站）中的试验类型对这些变压器过热进行评估，这种过热为额定外壳等级。这种过热与平均温度相结合，给出了根据IEC变压器负载指南，保持预期变压器寿命所需的负载限制系数。

油浸式变压器的油和绕组温升，以及干式变压器的绝缘材料温度等级与IEC 60076系列定义的环境温度相关。通常在正常使用条件下，变压器定义为在年均温度20°C、月均温度30°、最高温度40°C的环境下使用。

对于砌体变电站，变压器的过热视为未知的，应通过计算来定义通风面积S和S'。
所以仅环境温度和负载系数已知。
以下示例说明如何通过公式（B1-1）和公式（B1-2）来评估变压器的过热以及评估空气的温升（$\theta_2-\theta_1$）。

- □ 在纵轴上选择变电站位置在给定时间段内的平均环境温度；
- □ 选择变压器的负载系数；
- □ 交叉点给出了对应于油浸式变压器最大油温上限（图表B6）或干式变压器平均绕组温升的变压器预期过热（图表B7）。

高压/低压变电站示例：

油浸式变压器（1250kVA）

A_o（950W空载损耗），B_k（11 000W负载损耗）

变压器耗散= 11 950W

低压开关柜耗散= 750W

中压开关柜耗散= 300W

H（通风口中点之间的高度）为1.5m。

如果$\alpha = 90°$，则$K = 0.064$，针对人字形百叶窗的ξ为12。

在预期变压器过热为10K时，空气温升$(\theta_2-\theta_1)$取20K。

计算：

耗散功率$P = 11.950\text{kW} + 0.750\text{kW} + 0.300\text{kW} = 13.000\text{kW}$

$$S = 1.8\times10^{-1}\frac{Q_{nac}}{\sqrt{H}} \quad \text{(B1-1)}$$

$S = 1.91\text{m}^2$，则S'为$1.1 \times 1.91 = 2.1\text{m}^2$（净面积）

人字形叶片：

$$S = \frac{Q_{nac}}{K\times\sqrt{H\times(\theta_2 - \theta_1)^3}} \quad \text{(B1-2)}$$

$S = 1.85\text{m}^2$，则S'为$1.1 \times S = 2.04\text{m}^2$（总面积）

三种通风方式的尺寸如下：

见图表B9：1.2m×0.6m、1.4m×0.6m、0.8m×0.6，总面积S'为2.04m^2。

结论如果ξ<13，并且进气口和出气口的通风网格相同，则通过准确了解气流阻力系数，可以优化通风尺寸。示例见表B10。

示例：

■ 温和气候：年均温度10°C，变压器油和绕组温升分别为60～65K，可以在满载时使用。当空气温升（$\theta_2-\theta_1$）预计为20K时，预计过热为10K。

■ 炎热气候：夏季平均温度为30°C，变压器油和绕组温升分别为50～55K，负载系数可以为0.9。当空气温升（$\theta_2-\theta_1$）预计为20K时，预计过热为10K。

■ 寒冷气候：冬季平均温度为-20°C，变压器油和绕组温升分别为60～55K，负载系数可以为1.2。当空气温升（$\theta_2-\theta_1$）预计为40K时，预计过热为20K。

■ 炎热气候：夏季平均温度为30°C，使用绝热等级155°C的干式变压器时，可以使用的负载系数为0.9。当空气温升（$\theta_2-\theta_1$）预计为10K时，预计过热为10K。

对于预制变电站，由于型式试验确定了外壳的温升级别，因此变压器的满载过热是已知的。如果使用定义的外壳类别，受最大损耗限制，将调整变压器负载系数以适应环境温度，从而确保变压器的使用寿命。

计算方法使用反映基于伯努力方程式的通用公式特例和变压器加热引起的堆叠效应的公式，确保变压器室内的自然对流符合IEC 62271-202标准要求。

事实上，真实气流很大程度上取决于：

■ 为确保机柜防护等级（IP）而采用的开口形状和解决方案：金属网格、冲压孔、人字形百叶窗等（图表B3）。

■ 由于使用图表B6、图表B7中所示外壳导致的变压器温升和过热。

■ 下列内部组件尺寸和整体布局：

□ 变压器和/或储油箱位置；

□ 变压器到开口的距离；

□ 变压器在使用隔墙的独立房间内。

■ 以及如下物理和环境参数：

□ 公式（B1-2）中使用的外部环境温度θ_1；

□ 海拔；

□ 太阳辐射。

要想对相关物理现象的理解和优化，就要根据流体动力学规律进行精确的流体研究，并通过专门的分析软件实现。这些软件可以分为以下两类：

■ 专门用于建筑物热力学研究的软件，专门针对能源管理，可提高建筑物效率。

■ 用于气流研究的软件，特别是组件嵌入自己的空气冷却系统的情况（逆变器、电网变频器、数据中心等）。

1　使用条件

低压配电柜
高/低通风
中压开关柜

低压配电柜
高/低通风
中压开关柜

图表B8：通风开口位置

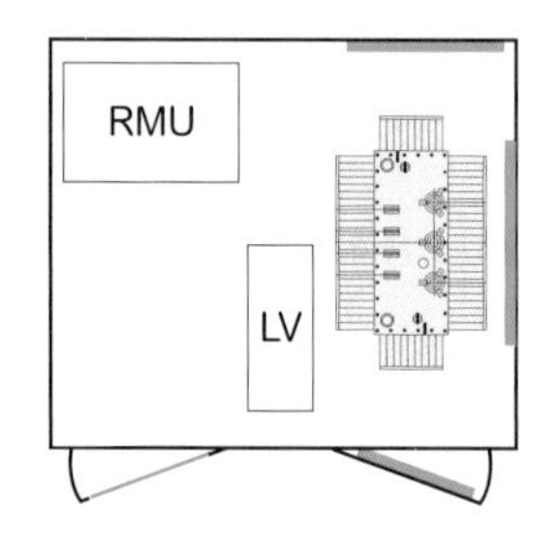

$\Delta\theta_2 - \Delta\theta_1$ = 空气温升 = 20K，对应变压器过热10K

图表B9：总损耗为13kW的布局示例

图表B10：采用1250kVA油浸式变压器的高压/低压预制变电站示例，损耗为19kW（欧盟法规更改前）

通风开口位置

为了方便通过自然对流排出变压器产生的热量，通风开口应位于邻近变压器墙壁的顶部和底部。中压开关柜发出的热量可以忽略不计。为了避免冷凝问题，变电站通风开口应尽可能远离开关柜（图表B8）。

通风开口类型

为了减少灰尘、污染、雾气等的进入，当变压器与开关柜安装在同一个房间内时，变电站通风开口应配备人字形百叶窗挡板，或允许使用更高效率的通风网格，当总损耗超过15kW时尤其建议使用。始终确保挡板朝向正确的方向（图表B3）。

机柜内部的温度变化

为了降低温度变化，如果平均相对湿度可能长时间内保持在较高水平，通常在中压机柜内安装防冷凝加热器。加热器必须全年全天候持续运行（每天24h）。

切勿将加热器连接到温度控制或调节系统，因为这可能导致温度变化和冷凝，并且缩短加热元件的使用寿命。确保加热器能够提供足够的使用寿命（标准版本通常寿命足够）。

变电站内部的温度变化

可采取以下措施降低变电站内部的温度变化：

- 提高变电站的隔热效果，以减少室外温度变化对变电站内部温度的影响。
- 尽可能避免变电站采暖。如果必须采暖，则需确保调节系统和/或恒温器足够准确，并设计成能够避免过大的温度波动（例如不超过1℃）。如果无法提供足够精确的温度调节系统，则全年每天24h不间断地加热。
- 消除来自机柜下方电缆沟槽或变电站开口（门下、屋顶接点等）处的冷空气通风。

变电站环境和湿度

变电站外部的多种因素都可能会影响其内部的湿度。

- 植物：避免变电站周围植物过量生长，并避免任何开闭。
- 变电站防水：变电站屋顶不得漏雨。避免使用平顶，因为防水实施和维护的难度较大。
- 电缆沟槽湿气：确保任何开关柜下的电缆沟槽均保持干燥。如果使用穿墙电缆，请紧密密封。一种部分解决方案是将沙子添加到电缆槽的底部，避免水汽蒸发在开关柜内。

污染保护和清洁

污染过重更易引发绝缘子的漏电流、电痕和闪络。为防止中压设备因污染而性能下降，请保护设备免受污染或定期清洁已造成的污染。

使用外壳提供恶劣环境防护

室内中压开关柜可以通过提供防护级别（IP）足够高的外壳进行保护。

清洁

如果不能得到完全保护，则必须定期清洁中压设备，以防止因污染导致的性能下降。清洁是一个非常重要的流程。

使用不合适的产品可能会对设备造成不可挽回的损坏。对于清洁程序，可参照开关柜的使用说明书。

2 短路功率

介绍

短路功率直接取决于其网络配置和线路、电缆、变压器、电机等组件的阻抗，因为短路电流会流经这些组件。

这是网络可以在故障期间为设备提供的最大功率，以MVA表示，或以给定工作电压下的kA rms值表示。
U：工作电压（kV）。
I_{sc}：短路电流（kA rms）。
短路功率为视在功率。

一般来说客户需要了解电源的短路容量值，因为通常计算短路电流所需的信息是未知的。确定短路功率需要分析在最坏情况下馈送给短路的功率流。

其可能有以下来源：
- 通过电力变压器接入的进线；
- 发电机进线；
- 大型旋转机组的回馈功率，或者通过中/低压变压器回馈。

示例1：

工作电压为11kV时，短路功率为25kA。

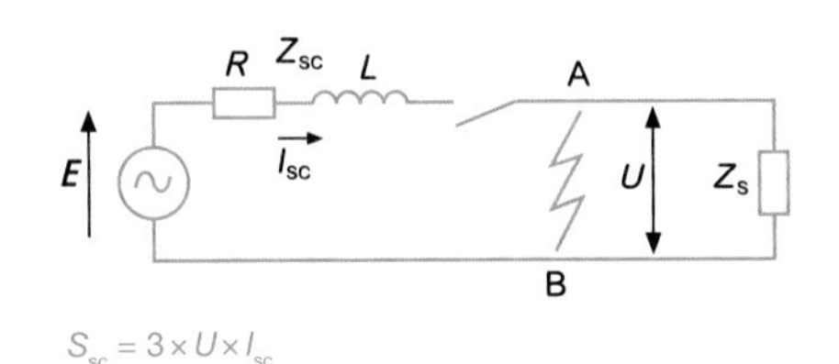

$S_{sc} = 3 \times U \times I_{sc}$

高压/低压变电站示例

示例2：

仅当变压器（T4）由另一个电源供电并且低压联络断路器闭合时，才能通过LV I_{sc5}进行反馈。

有三个电源电流在配电盘（T1-A-T2）中流动，并且，T3和M也可能成为故障电流的来源：
- 上游断路器D1（A处s/c）
  $I_{sc2} + I_{sc3} + I_{sc4} + I_{sc5}$
- 上游断路器D2（B处c/c）
  $I_{sc1} + I_{sc3} + I_{sc4} + I_{sc5}$
- 上游断路器D3（C处c/c）
  $I_{sc1} + I_{sc2} + I_{sc4} + I_{sc5}$

图表B11：短路故障分析示例

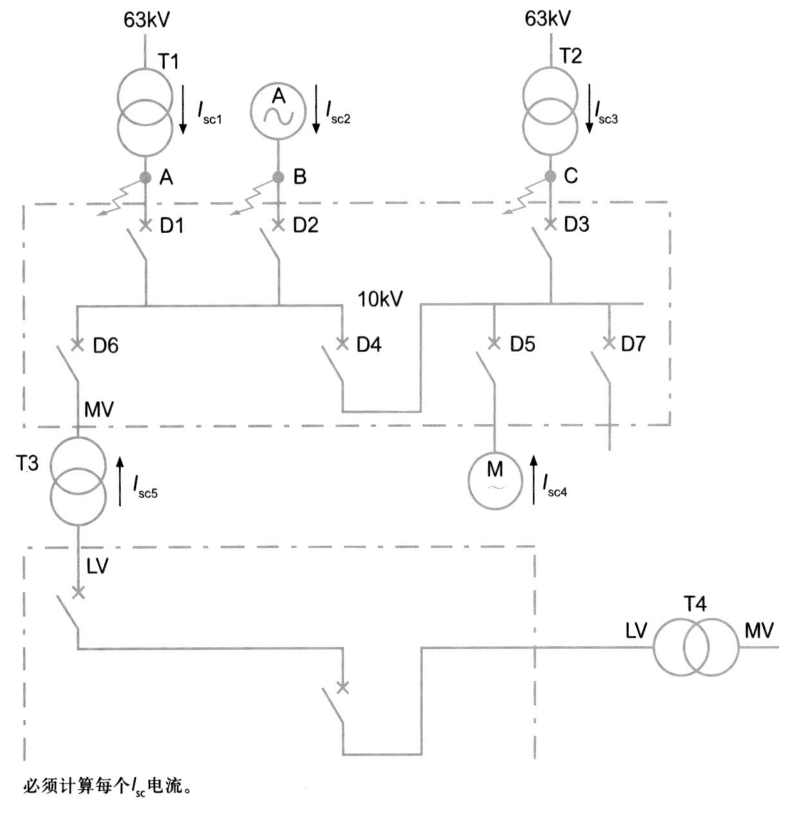

必须计算每个I_{sc}电流。

图表B12：短路分析电路图

3　短路电流

3.1　概述

只要出现电气中断，所有电气设备就都必须防止短路，绝无例外；这通常对应于导体横截面的变化。

在安装的每个阶段，都应针对网络中可能存在的各种配置计算短路电流，以确定必须承受或切断该故障电流的设备的特性。

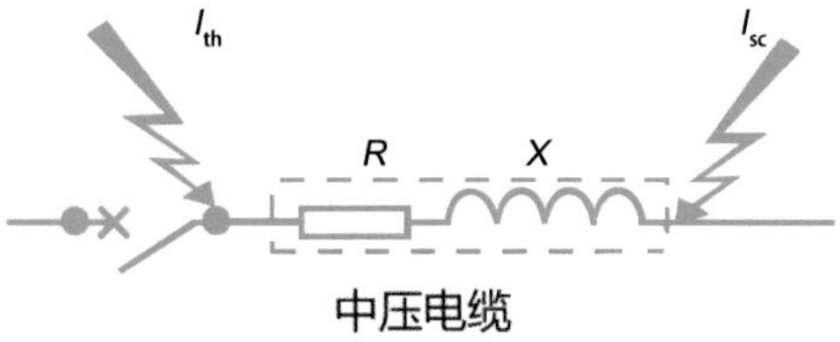

图表B13：短路电流示意图

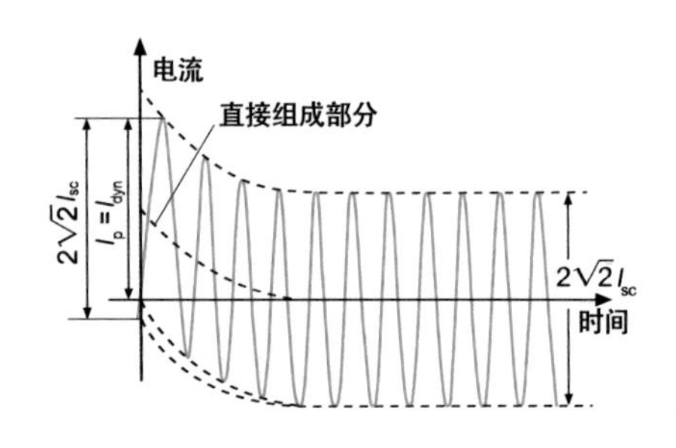

图表B14：短路电流波

为了选择合适的开关柜（断路器或熔丝）并设置保护功能，必须知道三个短路值：

短路电流 I_{sc} (kA rms)

这对应于被保护线路一端的短路［馈线末端的故障（图表B13）］，而不仅是指在断路装置的后面。根据其值，可以选择过电流保护继电器和熔丝的阈值设置；特别是当电缆较长时和/或当电源阻抗相对较大时（发电机、UPS）。

最大短时电流的有效值 I_{th} (kA rms 1s或3s)

这对应于紧邻开关装置下游端子的短路（图表B13）。它定义为1s、2s或3s的千安值，用于定义设备的耐热能力。

最大短路电流峰值 I_{dyn} (kA)

暂态过程中的第一个瞬时峰值。示例：2.5×25kA=62.5kA，DC时间常数为45ms、频率为50Hz时的峰值（IEC 62271-1）。

I_{dyn}等于：

- 2.5 x I_{sc}（50Hz，DC时间常数为45ms）；
- 2.6 x I_{sc}（60Hz，DC时间常数为45ms）；
- 2.7 x I_{sc}（大于45ms的特殊时间常数）（发电机应用）。

它决定了断路器和开关的闭合容量，以及母排和开关柜的电动应力耐受能力。

IEC通常使用如下值（kA rms）：
8，12.5，16，20，25，31.5，40，50。

ANSI/IEEE使用以下值（kA rms）：
16，20，25，40，50，63。
这些通常在技术规格中使用。

注意：
技术规格可以给出如下一个有效值（kA）和一个功率值（MVA）：I_{sc} = 19kA 或 350MVA（10kV）。

- 通过计算350MVA的等效电流，我们会发现

$$I_{sc} = \frac{350}{\sqrt{3}\times 10}\text{kA} = 20.2\text{kA}$$

  差值取决于如何对值进行舍入和地方惯例。
- 19kA可能是最实际的值。
  另一种解释是：在中压及高压系统中，IEC 60909-0规定在计算最大I_{sc}时考虑1.1的系数。

$$I_{sc} = 1.1\times\frac{U}{\sqrt{3}\times Z_{sc}} = \frac{E}{Z_{sc}}$$

  其中1.1的系数是由于考虑了故障设备上的10%电压降。

短路电流取决于网络中安装的设备类型（变压器、发电机、电动机、线路等）。

3.2 变压器

为了确定变压器端子间的短路电流，我们需要知道变压器的短路电压百分比（U_{sc}%）。

U_{sc}%定义方式见图表B15。

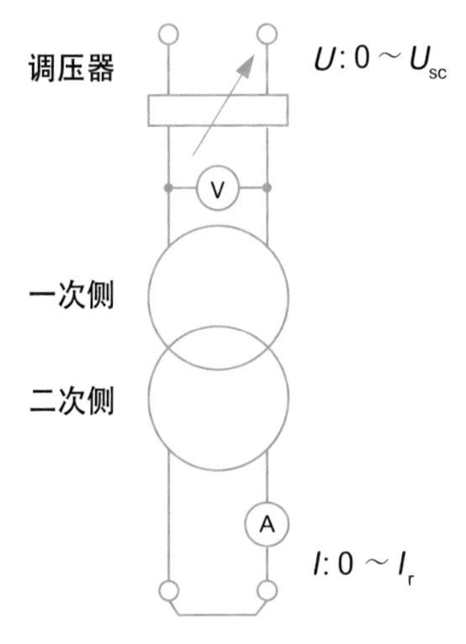

图表B15：U_{sc}%定义方式

1 变压器未通电：$U = 0$。

2 将二次侧短路。

3 在变压器一次侧中逐渐升高电压，直到变压器二次侧的电流为额定电流I_r。

一次侧读到的电压值即为U_{sc}。

$$U_{sc}\% = \frac{U_{sc}}{U_{r\text{一次侧}}} \times 100\%$$

可根据以下公式得出短路电流（kA）：

$$I_{sc} = \frac{I_r}{U_{sc}\%}$$

示例：

- 变压器20MVA；
- 电压10kV；
- $U_{sc}\% = 10\%$；
- 上游功率：无限。

$$I_r = \frac{S_r}{\sqrt{3} \times U_{\text{空载}}} = \frac{20\ 000\ 000}{\sqrt{3} \times 10\ 000} \text{A} = 1155\text{A}$$

$$I_{sc} = \frac{I_r}{U_{sc}\%} = \frac{1150}{10\%} \text{A} = 11.5\text{kA}$$

3.3 同步电机和异步电动机

3.3.1 同步电机（同步发电机和同步电动机）

计算同步电机端子间的短路电流是非常复杂的，因为后者的内部阻抗在短路发生后随时间而变化。

当功率逐渐增加，电流会降低，经历三个特征周期（图表B16）：

- 超瞬态（用来确定断路器的闭合容量和电动应力约束），平均持续时间10ms；
- 瞬态（设置设备的热约束），平均持续时间250ms；
- 稳态（这是稳态下的短路电流的值）。

短路电流的计算方式与变压器的相同，但必须考虑不同的状态。

示例：

针对交流发电机或同步电机的计算方法：

- 交流发电机 15MVA；
- 电压U = 10kV；
- X_{sc} = 20%。

$$I_r = \frac{S_r}{\sqrt{3} \times U} = \frac{15\ 000\ 000}{\sqrt{3} \times 10\ 000} \text{A} = 870\text{A}$$

$$I_{sc} = \frac{I_r}{X_{sc}} = \frac{870}{20\%} \text{A} = 4350\text{A} = 4.35\text{kA}$$

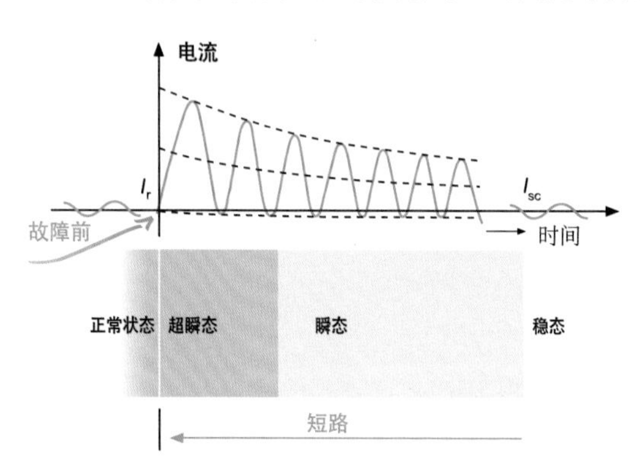

图表B16：短路电流分阶段波形

短路电流的计算方式与变压器相同，但必须考虑不同的状态。

可根据以下公式得出短路电流：

$$I_{sc} = \frac{I_r}{X_{sc}}$$

式中 X_{sc}——瞬时短路电抗。

同步电机最常见的值为：

X_{sc}	超瞬态 X''_d	瞬态X'_d	稳态X_d
涡轮	10%～20%	15%～25%	200%～350%
裸电极	10%～20%	25%～35%	70%～120%

图表B17：同步发电机X_{sc}对应值

如果稳态短路阻抗的值高，则意味着短路电流低于额定电流。

3.3.2 异步电动机

对于异步电动机而言：

端子间的短路电流等于电机的起动电流 $I_{sc} \approx 5 \sim 8\ I_r$

电机对短路电流的贡献（回馈电流）$I \approx 3\ \Sigma\ I_r$

电机在停止时考虑系数为3。

3.4 三相短路电流计算要点

某些值可照例取作假设值。建议根据制造商提供的部件数据表使用正确的值进行安装。

三相短路

$$S_{sc} = 1.1 \times U \times I_{sc} \times \sqrt{3} = \frac{U^2}{Z_{sc}}$$

$$I_{sc} = \frac{U}{Z_{sc} \times \sqrt{3}} \quad (\text{其中} Z_{sc} = \sqrt{R^2 + X^2})$$

上级网络

$$Z = \frac{U^2}{S_{sc}}$$

$$\frac{R}{X} = \begin{cases} 0.3 & \text{当} u = 6\text{kV时} \\ 0.2 & \text{当} u = 20\text{kV时} \\ 0.1 & \text{当} u = 150\text{kV时} \end{cases}$$

架空线

$$R = \rho \times \frac{L}{S}$$

各种材料的电阻抗相关参数见图表B18。

相关参数值	系统及材料
$X = 0.4\Omega/\text{km}$	高压
$X = 0.3\Omega/\text{km}$	中压/低压
$\rho = 1.8 \times 10^{-6}\Omega \cdot \text{cm}$	铜
$\rho = 2.8 \times 10^{-6}\Omega \cdot \text{cm}$	铝
$\rho = 3.3 \times 10^{-6}\Omega \cdot \text{cm}$	阿尔梅莱克铝基合金

图表B18：各种材料的阻抗相关参数值

同步电机

$$Z(\Omega) = X(\Omega) = \frac{U^2}{S_r} \times X_{sc}$$

同步发电机X_{sc}对应值见图表B19。

X_{sc}	超瞬态X''_d	瞬态X'_d	稳态X_d
涡轮	10%～20%	15%～25%	200%～350%
裸电极	10%～20%	25%～35%	70%～120%

图表B19：同步发电机X_{sc}对应值

变压器

（量级:对于真实值，指制造商给出的数据）

示例：20kV/410V；S_r = 630kVA；U_{sc}% = 4%

63kV/11kV；S_r = 10MVA；U_{sc}% = 9%

$$Z(\Omega) = \frac{U^2}{S_r} \times X_{sc}$$

对应不同变压器容量的%U_{sc}见图表B20。

	MV/LV	HV/MV
S_r (kVA)	100～3150	5000～50 000
%U_{sc}	4～7.5	8～12

图表B20：对应不同变压器容量的%U_{sc}

额定短路耐受电流电阻密度（$T_{kr=1s}$）和导体温度之间的关系

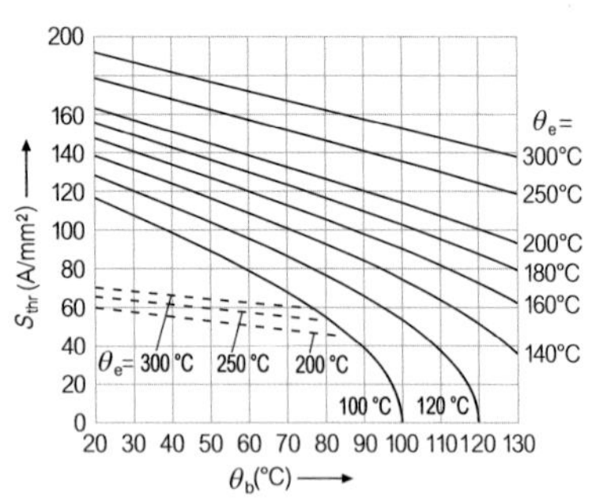

(a) 实线，铜；虚线，低合金钢

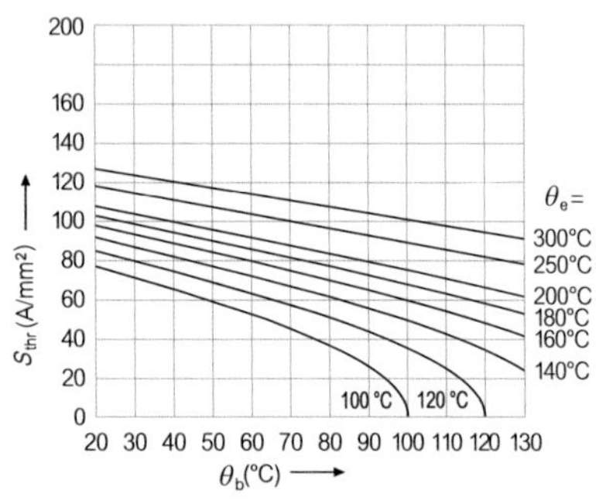

(b) 铝、铝合金、钢芯铝线（ACSR）

对于热当量短路电流密度S_{th}，和所有的持续时间T_k而言，只要满足下列公式，则裸导线具有足够的短时热强度。

$S_{th} \leqslant S_{thr} \times \sqrt{(T_{kr}/T_k)}$

在计算截面积以估算电流密度时，钢心铝线（ACSR）的钢心不应计算在内。

如果以极短间隔发生大量短路，则导致的短路持续时间是：

$$T_k = \sum_{i=1}^{n} T_{ki}$$

图表B21：导线尺寸参数参考计算

电缆和导线

■ 温升：

所有的电缆和导线都是由其载流量来定义的。载流量是在正常运行时控制温升或在故障状态下短时流过故障电流时，所参考的主要额定值。

温升可能来自正常或异常过载，而周围的振动也会导致连接处的效率降低。

故障电流可通过保护继电器消除，但正常情况下的过载，线路照常工作，绝缘却加剧老化从而发生短路故障。

因此，建议使用热传感器来监测导线。

■ 电抗式：

$X = 0.10 \sim 0.15\Omega/km$

同轴芯，三相或单相

■ 计算导线的温升和额定短时电流耐受密度：

由短路引起的导体温升是短路电流持续时间、热等效短路电流和导线材料的函数。

利用图表B21所示参数，可以计算出额定短时电流耐受密度已知时的导线温升；反之亦然。

图表B22由IEC 60865-1:2011标准发布，给出了不同导线在短路期间的最高推荐温度。如果导线达到这个温度，可能会发生可以忽略不计的强度下降，而这并不会影响操作安全。

应考虑支架的最大允许温度。

导线类型	推荐的短路期间最高温度
裸导线（实心或绞线）：铜、铝或铝合金	200
裸导线（实心或绞线）：钢	300

图表B22：各种导线材料的最大允许温度

当20°作为基准温度时（图表B23），材料的常数适用于下面的公式：

20°C时的数据	c	ρ	k_{20}	α_{20}	θ_e
铝	910	2700	34 800 000	0.004	200
铜	390	8900	56 000 000	0.003 9	200
钢	480	7850	7 250 000	0.004 5	300

图表B23：各种导线材料常数

$$S_{thr} = \frac{1}{\sqrt{T_{kr}}} \times \sqrt{\frac{k_{20} \times c \times \rho}{\alpha_{20}} \times \ln \frac{1+\alpha_{20}\times(\theta_e-20)}{1+\alpha_{20}\times(\theta_b-20)}}$$

S_{thr}——额定短路耐受电流密度（A/mm²）；

T_{kr}——持续时间（s）；

c——比热容［J/(kg・K)］；

ρ——密度（kg/m³）；

k_{20}——比电导率（20°C），1/(Ω・m)；

α_{20}——温度系数（1/K）；

θ_b——短路开始时的导线温度（°C）；

θ_e——短路结束时的导线温度（°C）。

母排

$X = 0.15\,\Omega/\text{km}$

同步电机和补偿器

同步电机和补偿器的X_{sc}取值见图表B24。

X_{sc}	超瞬态X''_d	瞬态X'_d	稳态X_d
高速电机	15%	25%	80%
低速电机	35%	50%	100%
补偿器	25%	40%	160%

图表B24：同步电机和补偿器的X_{sc}取值

异步电动机 (仅超瞬态)

$$Z = \frac{I_r}{I_{st}} \times \frac{U^2}{S_r} \quad (\Omega)$$

I_r——电机额定电流；

I_{st}——电机起动电流；大致为(3~14) I_r；

S_r——电机额定功率。

故障电弧

$$I_d = \frac{I_{sc}}{1.3\sim2}$$

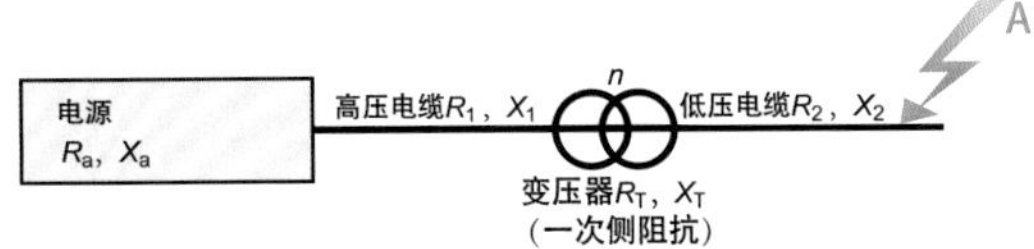

图表B25：通过变压器的电缆等效阻抗图例

通过变压器的部件等效阻抗

例如，对于低压故障，高压侧电缆通过HV/LV变压器后的阻抗值（图表B25）：

$$R_2 = R_1 \times \frac{U_2^2}{U_1^2} \quad 和 \quad X_2 = X_1 \times \frac{U_2^2}{U_1^2}，得出 Z_2 = Z_1 \times \frac{U_2^2}{U_1^2}$$

这个计算方法适用于所有电压等级的电缆，即使是通过了串联连接后的多个变压器后依然适用。

对于在A点发后故障时的阻抗：

$$\Sigma R = R_2 + \frac{R_T}{n^2} + \frac{R_1}{n^2} + \frac{R_a}{n^2} \qquad \Sigma X = X_2 + \frac{X_T}{n^2} + \frac{X_1}{n^2} + \frac{X_a}{n^2}$$

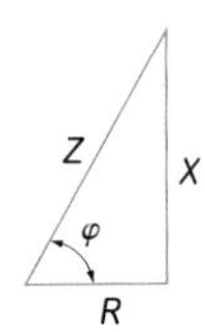

图表B26：阻抗三角

阻抗三角（图表B26）

$$Z = \sqrt{(R^2 + X^2)}$$

计算三相短路电流的复杂之处主要在于确定故障位置上游网络的阻抗值。

示例1

网络布局

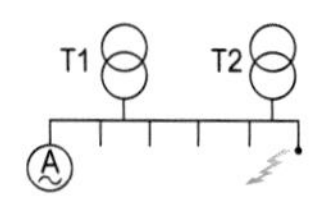

等效布局

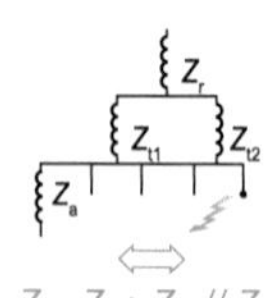

$Z = Z_r + Z_{t1} // Z_{t2}$

$$Z = Z_r + \frac{Z_{t1} \times Z_{t2}}{Z_{t1} + Z_{t2}}$$

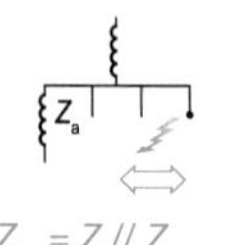

$Z_{sc} = Z // Z_a$

$$Z_{sc} = \frac{Z \times Z_a}{Z + Z_a}$$

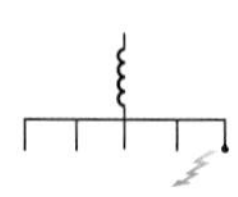

示例2

- $Z_{sc} = 0.27\Omega$
- $U = 10\text{kV}$

$$I_{sc} = \frac{10}{\sqrt{3} \times 0.27}\text{kA} = 21.38\text{kA}$$

图表B27：各故障点等效阻抗计算

3.5　三相短路电流计算示例

阻抗法

网络的所有组成部分（供电网络、变压器、交流发电机、电机、电缆、母排等）的特征为阻抗（Z），包括电阻元件（R）和感应元件（X）或所谓的电抗。X、R和Z的单位均为欧姆。

这些不同值之间的关系是：

$Z = \sqrt{(R^2+X^2)}$

（参照示例1）

该方法涉及：

- 将网络分成几个部分；
- 计算每个组件的 R 值和 X 值；
- 计算整个网络：
  - □ R 或 X 的等效值；
  - □ 阻抗的等效值；
  - □ 短路电流。

三相短路电流是：

$$I_{sc} = \frac{U}{\sqrt{3} \times Z_{sc}}$$

I_{sc} —— 短路电流（kA）；

U —— 短路发生前故障点的相间电压（kV）；

Z_{sc} —— 短路阻抗（Ω）。

利用图表B28系统单线图进行练习。

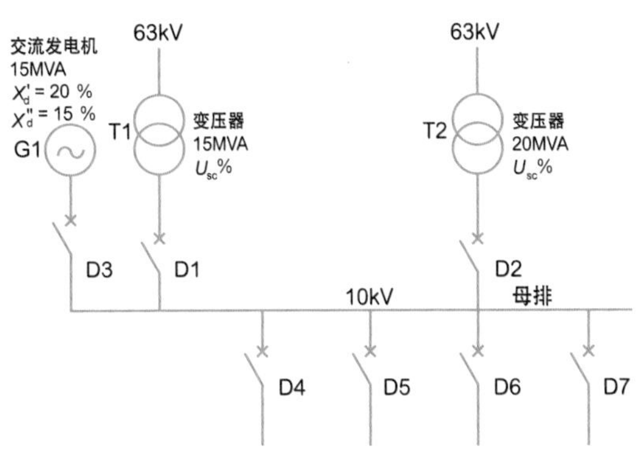

图表B28：系统单线图

练习数据

电源：63kV。

电源短路功率：2000MVA。

网络配置：

两台并联安装的变压器和交流发电机。

设备特点：

■ 变压器：

□ 电压 63kV/10kV。

□ 视在功率：1～15MVA, 1～20MVA。

□ 短路电压百分比：U_{sc}%=10%。

■ 交流发电机：

□ 电压：10kV。

□ 视在功率：15MVA。

□ X'_d瞬态：20%。

□ X''_d超瞬态：15%。

问题：

■ 确定母排短路电流的值；

■ 断路器D1～D7的切断和闭合容量。

解决练习

■ 确定各种短路电流：

三种可能为短路供电的电源是两台变压器和交流发电机。

假设没有通过D4、D5、D6和D7的功率回馈。如果在断路器下游（D4、D5、D6、D7）发生短路，通过的短路电流由T1、T2和G1提供。

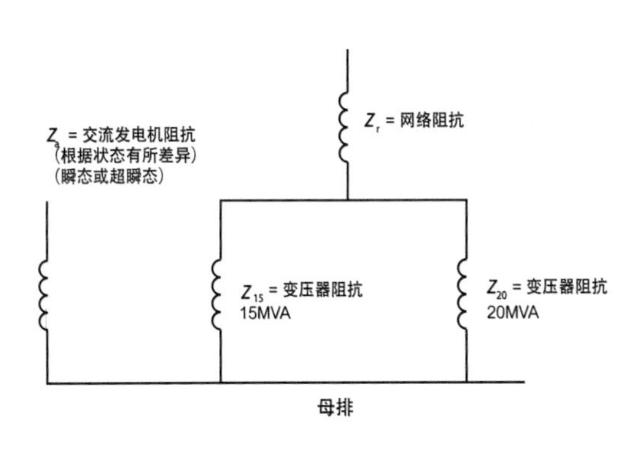

图表B29：等效阻抗图

■ 等效图：

每个设备均包括电阻和感抗。必须计算每个设备的值。

图表B28系统单线图的等效阻抗图见图表B29。

经验表明，与电抗（0.15Ω/km）相比，电阻通常较低，因此可以考虑电抗等于阻抗（$X=Z$）。

■ 为了确定短路功率，必须计算多个电阻和感抗值，然后分别计算数值和:

$R_t = R$

$X_t = X$

■ 知道了R_t和X_t，就可以通过下式计算Z_t:

$Z = \sqrt{\sum R^2 + \sum X^2}$

注意：由于R相对于X可以忽略不计，所以我们可以说$Z = X$。

现在就来看看结果！

分量	计算	$Z=X$ (Ω)
网络		
S_c = 2000MVA U_{op} = 10kV	$Z_r=\frac{U^2}{S_{sc}}=\frac{10^2}{2000}$	0.05
15MVA 变压器 T1		
(U_{sc}% = 10%) U_{op} = 10kV	$Z_{T1}=Z_{15}=\frac{U^2}{S_r}\times U_{sc}\%=\frac{10^2}{15}\times\frac{10}{100}$	0.67
20MVA 变压器 T2		
(U_{sc}% = 10%) U_{op} = 10kV	$Z_{T2}=Z_{20}=\frac{U^2}{S_r}\times U_{sc}\%=\frac{10^2}{20}\times\frac{10}{100}$	0.5
15MVA交流发电机		
U_{op} = 10kV	$Z_a=\frac{U^2}{S_r}\times X_{sc}$	
超瞬态 (X_{sc} = 15%)	$Z_{at}=\frac{10^2}{15}\times\frac{15}{100}$	$Z_{as}\approx 1$
瞬态 (X_{sc} = 20%)	$Z_{as}=\frac{10^2}{15}\times\frac{20}{100}$	$Z_{at}\approx 1.33$
母排		
变压器 并联安装	$Z_{T1}//Z_{T2}=Z_{15}//Z_{20}=\frac{Z_{15}\times Z_{20}}{Z_{15}+Z_{20}}=\frac{0.67\times0.5}{0.67+0.5}$	$Z_{et}\approx 0.29$
网络和变压器阻抗 串联安装	$Z_{er}=Z_r+Z_{et}=0.05+0.29$	$Z_{er}\approx 0.34$
与发电机组并联安装		
瞬态	$Z_{er}//Z_{at}=\frac{Z_{er}\times Z_{at}}{Z_{er}+Z_{at}}=\frac{0.34\times1.33}{0.34+1.33}$	≈ 0.27
超瞬态	$Z_{er}//Z_{as}=\frac{Z_{er}\times Z_{as}}{Z_{er}+Z_{as}}=\frac{0.34\times1}{0.34+1}$	≈ 0.25

图表B30：计算结果

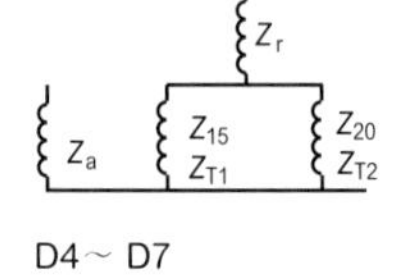

D4 ~ D7

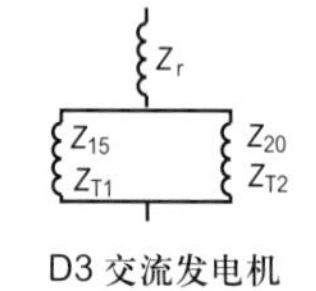

D3 交流发电机

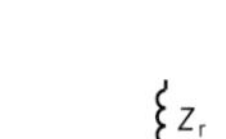

D1 15MVA变压器T1

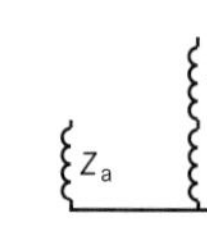

D2 20MVA变压器T2

图表B31：不同类型变压器等效阻抗图

断路器	等效电路 Z (Ω)	分断能力 I_n (kA rms)	关合能力 2.5 I_{sc} (峰值kA)
D4～D7	瞬态 Z = 0.27 超瞬态 Z=0.25	21.5	53.9
D3 交流发电机	Z=0.34	17.2	43
D1 15MVA 变压器 T1	瞬态 Z = 0.51 超瞬态 Z=0.46	11.4	28.5
D2 20MVA 变压器 T2	瞬态 Z = 0.39 超瞬态 Z=0.35	14.8	37

图表B32：断路器分断与关合能力

$$I_{sc}=\frac{U}{\sqrt{3}\times Z_{sc}}=\frac{10}{\sqrt{3}}\times\frac{1}{Z_{sc}}$$

注意：断路器的分断能力是以稳态下的短路电流有效值来定义，其非周期分量的百分比则取决于断路器的断开时间，及网络的R/X（大约30%）。

对于交流发电机来说，非周期分量非常高；这些计算必须通过实验室试验来验证。

而断路器的关合能力则在瞬态下定义。超瞬态周期非常短（10ms），近似于保护继电器的必要持续时间，以便分析故障并给出跳闸命令。

4 开关柜中的母排计算

在实践中，母排计算涉及校验热耐受、电动应力耐受和非谐振是否足够。

4.1 概述

母排的尺寸应考虑在正常操作条件下确定。针对额定电压（kV）的额定绝缘等级，决定了相间距和相地距离，也决定了支架的高度和形状。流经母排的额定电流用于确定母排的横截面和导体材料。必须检查以下几个方面：

- 支架（绝缘体）应能承受机械效应，而母排应能承受短路电流造成的机械效应和热效应。
- 母排本身的固有振动周期不应与电流周期相同。
- 为完成母排计算，必须使用以下的物理和电气特性假设（图表B33~图表B36）：

母排电气特性

S_{sc}	网络短路功率(1)		MVA
U_r	额定电压	43	kV
U	工作电压	28.5	kV
I_r	额定电流	37	A

(1) 通常是由客户以此形式提供，或者我们可以在知道短路电流I_{sc}和工作电压U的情况下对其进行计算（$S_{sc} = \sqrt{3} I_{sc} U$）。

图表B33：母排电气特性表

母排物理特性

S	母排横截面				cm^2
d	相间距离				cm
L	同相位绝缘体之间的距离				cm
θ_n	环境温度（$\theta_2 - \theta_1$）				°C
$\theta - \theta_n$	允许的温升(1)				K
外形		矩形	☐		
材料		铜	☐	铝	☐
布置方式（图表B35）		平装	☐	立装	☐
每相母排数量					

(1)参见标准IEC 62271-1：2011通用规范表3。

图表B34：母排物理特性表

汇总

	片母排		x		cm/每相

图表B36：母排横截面

示例

- 平装
- 立装

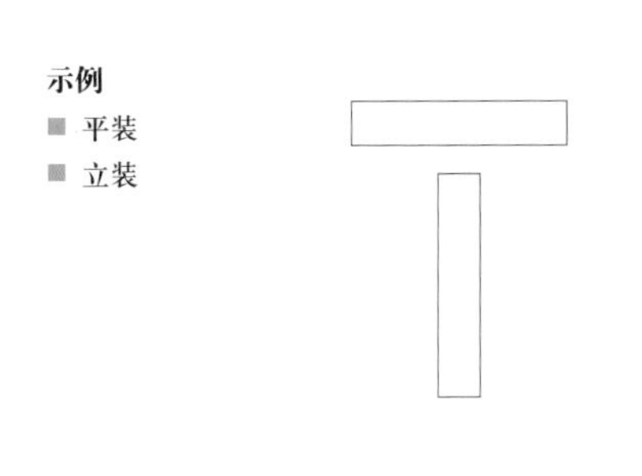

图表B35：布置方式

4 开关柜中的母排计算

让我们检查一下是否已选择了横截面：

______片母排______x______cm/每相能够承受额定电流产生的温升，和短路电流流经1～3s产生的温升。

母排周长 (p)

4.2 热耐受

对于额定连续电流（I_r）

本节将重点介绍几个影响载流量（裸导线载流能力）的参数。

可以用下面的公式（B.4-1）来概括这个载流量的计算方法。

借助“铜业发展协会”评论中发表的MELSOM&BOOTH公式，可以定义导线的允许电流：

$$I = K \times \frac{24.9 \times (\theta - \theta_n)^{0.61} \times S^{0.5} \times p^{0.39}}{\sqrt{\rho_{20}[1+\alpha \times (\theta - 20)]}} \quad \text{(B.4-1)}$$

其中

I	允许电流 (A) 以下情况下应该考虑降容： ■ 环境温度高于40°C ■ 防护指数高于IP5		
θ_n	环境温度 ($\theta_n \leqslant$ 40°C)		°C
$(\theta - \theta_n)$	允许的温升[1]		K
S	母排横截面		cm^2
p	母排周长		cm
ρ_{20}	20°C时的导线电阻率 (IEC 60943)： ■ 铜 1.724 1μΩ • cm ■ 铝 2.836 4μΩ • cm		
α	电阻率温度系数 ■ 铜 0.003 93 ■ 铝 0.003 6		
K	条件系数： 6个系数：k_1, k_2, k_3, k_4, k_5, k_6		

(1)请参阅本书A章第6.3小节“电流”部分，其中说明了IEC 62271-1标准中重点强调的温升限制。

利用SI系统，可通过以下单位计量的热耗散平均值引入公式：

$W = r \times I^2$ 导线长度（m） (B.4-2)

r——电阻，$r=\rho L/S$。

当L=1m时，单位长度电阻$r=\rho/S$，其中$\rho = \rho_{20}[1+\alpha \times (\theta - \theta_n)]$（$\theta_n$ = 20°C）

W是电流产生的总热量：

$$W = \frac{I^2 \times \rho_{20}[1 + \alpha \times (\theta - 20)] \times 10^{-6}}{S} \quad \text{(B.4-3)}$$

单位面积热耗散平均值：

$$h = \frac{W}{p} = \frac{r \times I^2}{p} \quad \text{(B.4-4)}$$

每度温升热耗散平均值：

$$h = \frac{r \times I^2}{p(\theta - \theta_n)} \quad \text{(B.4-5)}$$

但是热耗散主要是由对流引起的，比例是$\theta^{5/4}$（MELSOM&BOOTH公式），修正为$\theta^{1.22}$，则对流引起的每度温升热耗散平均值：

$$h = \frac{r \times I^2}{p(\theta - \theta_n)^{1.22}} \quad \text{(B.4-6)}$$

几项实验研究证实，对于圆形或扁平截面的母排来说，无论是铜制还是铝制，周长变化对大多数值的影响都是线性的。由此可以得出，h和p之间存在近似关系，并且这种关系已经得到了改善。

Melsom & Booth散热公式［W/（cm²・℃）］

槽型、扁平、圆形母排	$h = \frac{0.000\ 732}{p^{0.140}}$	(B.4-7)
边缘固定扁平母排	$h = \frac{0.000\ 62}{p^{0.22}}$	(B.4-8)
圆形母排	$h = \frac{0.000\ 67}{p^{0.140}}$	(B.4-9)

使用扁平母排，公式（B.4-8）适用于h，而h在公式（B.4-6）中被代替。
进一步得出单位厘米段所释放出总热量的公式。

$$W = r\times I^2 = \frac{0.00\ 062\times p\times(\theta-\theta_n)^{1.22}}{p^{0.22}} \quad (B.4\text{-}10)$$

由公式（B.4-3）和（B.4-10）得：

$$\frac{I^2\times\rho_{20}\,[1+\alpha\times(\theta-20)]\times10^{-6}}{S} = \frac{0.000\ 62\times p\times(\theta-\theta_n)^{1.22}}{p^{0.22}}$$

$$I = \frac{10^3\times\sqrt{0.000\ 62}\times S^{0.5}\times p^{0.39}\times(\theta-\theta_n)^{0.61}}{\sqrt{\rho_{20}\,[1+\alpha\times(\theta-20)]}}$$

根据母排形状、敷设方式、环境等因素，载流量应乘以校正系数K，得出公式（B.4-1）。

$$I = K\left(\frac{24.9\times(\theta-\theta_n)^{0.61}\times S^{0.5}\times p^{0.39}}{\sqrt{\rho_{20}\,[1+\alpha\times(\theta-20)]}}\right)$$

系数k_1、k_2、k_3、k_4、k_5、k_6的定义

- 系数k_1是每相母排条数的函数：
- □ 1根母排（$k_1 = 1$）；
- □ 2或3根母排，见图表B37。

	e/a								
	0.05	0.06	0.08	0.10	0.12	0.14	0.16	0.18	0.20
每相母排数量	k_1								
2	1.63	1.73	1.76	1.80	1.83	1.85	1.87	1.89	1.91
3	2.40	2.45	2.50	2.55	2.60	2.63	2.65	2.68	2.70
在例子中									
e/a =									
每相母排数量									
假设 k_1 =									

图表B37：系数k_1对应每项母排数量及e/a关系

图表B38：母排参数图例

■ 系数k_2是母排表面条件的函数：
□ 裸线：k_2 = 1；
□ 漆包：k_2 = 1.15。

■ 系数k_3是母排位置的函数：
□ 边缘安装母排：k_3=1；
□ 一根基座安装母排：k_3=0.95；
□ 数根基座安装母排：k_3=0.75。

■ 系数k_4是母排安装地点的函数：
□ 无风室内环境：k_4=1；
□ 无风室外环境：k_4=1.2；
□ 非通风管道中的母排：k_4=0.80。

■ 系数k_5是人工通风的函数：
□ 无强制通风：k_5=1；
□ 通风应根据不同情况单独进行处理，并经试验验证。

■ 系数k_6是电流类型的函数：
□ 对于频率≤ 60Hz的交流电流，k_6是每相母排数量和间距的函数。
□ 如果间距等于母排的厚度，则k_6的值为：

n	1	2	3
k_6	1	1	0.98
在例子中：			
n =			
k_6值 =			

于是有：

$$I = K\left(\frac{24.9\times(\theta-\theta_n)^{0.61}\times S^{0.5}\times p^{0.39}}{\sqrt{\rho_{20}}\,[1+\alpha\times(\theta-20)]}\right)$$

K = x x x x x =

$$I = \quad \times \frac{24.9\times(\quad - \quad)^{0.61}\times \quad ^{0.5}\times \quad ^{0.39}}{\sqrt{\quad}\,[1+0.004\times(\quad -20)]}$$

I = A

待定的方案为： 条母排

x cm/每相

在所需母排的I_r≤I时是合适的。

示例：

怎样才能找出不同持续时间的I_{th}值呢？

已知：$(I_{th})^2 \times t =$ 常数

- 如果I_{th2}= 26.16kA（持续时间2s），那么t = 1s时I_{th1}对应的数值是多少？
  因为$(I_{th2})^2 \times t =$ 常数
  $(26.16 \times 10^3)^2 \times 2 = 137 \times 10^7$
  那么 $I_{th1} = \sqrt{常数/t} = \sqrt{137 \times 10^7/1}$
  I_{th1} = 37 kA（持续时间1s）
- 总结：
  - 在短时耐受电流为26.16kA（持续时间2s）时，它对应持续时间1s时的短时耐受电流为37kA；
  - 在短时耐受电流为37kA（持续时间1s）时，它对应持续时间2s时的短时耐受电流为26.16kA。

对于短时耐受电流（I_{th}）

假设在整个持续时间（1s或3s）内：

- 所有发出的热量都用于提高导体温度；
- 辐射效应可以忽略不计。

下面的公式可以用来计算短路温升：

$$\Delta\theta_{sc} = \frac{0.24 \times \rho_{20} \times I_{th}^2 \times t_k}{(n \times S)^2 \times c \times \delta}$$

其中

$\Delta\theta_{sc}$	短路温升（K）		
c	金属比热容： 铜 0.091kcal/（kg · °C） 铝 0.23kcal/（kg · °C）		
S	母排横截面		cm²
n	每相母排数量		
I_{th}	短时耐受电流： （最大短路电流有效值）		A rms
t_k	短时耐受电流持续时间（1～3s）		s
δ	金属密度： 铜 8.9g/cm³ 铝 2.70g/cm³		
ρ_{20}	0°C时的导体电阻率： 铜 1.83μΩ•cm 铝 2.90μΩ•cm		
$(\theta - \theta_n)$	允许的温升		K

$$\Delta\theta_{sc} = \frac{0.24 \times \quad 10^{-6} \times (\quad)^2 \times}{(\quad)^2 \times \quad \times}$$

$\Delta\theta_{sc} = \quad K$

短路后导体的温度θ_t将是：

$\theta_t = \theta_n + (\theta - \theta_n) + \Delta\theta_{SC}$

$\theta_t = \quad K$

校验：

θ_t ≤与总线接触的部件的最大容许温度。

校验温度θ_t是否与和母排（尤其是绝缘体）接触的部件的最大温度一致。

必须校验选中的母排是否能承受电动力。

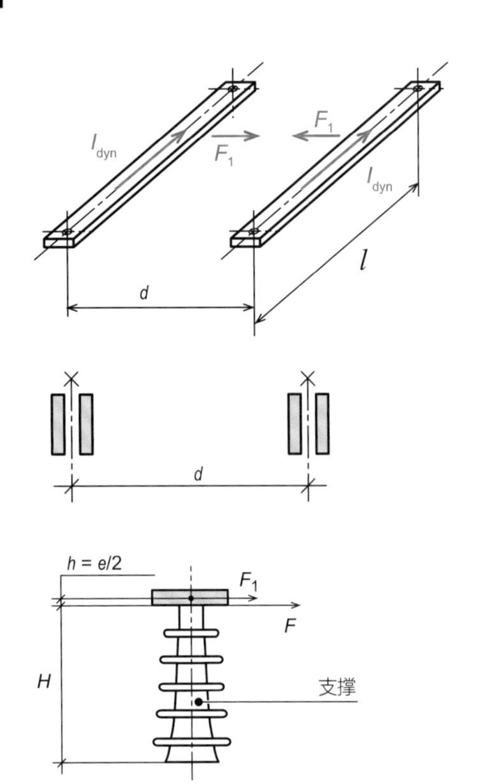

图表B39：母排各参数图例

4.3　电动力耐受

并联安装导体间的力

短路电流期间的电动力可由以下公式给出：

$$F_1 = 2 \times \frac{L}{d} \times I_{dyn}{}^2 \times 10^{-8}$$

F_1	力（daN，1daN=10N）
I_{dyn}	用下面的公式计算出短路的峰值A： $I_{dyn} = k \times \frac{S_{sc}}{\sqrt{3} \times U} = k \times I_{th}$

S_{SC}	短路容量		kVA
I_{th}	短时耐受电流		A rms
U	工作电压		kV
L	同相绝缘子之间的距离		cm
d	相间距离		cm
k	2.5（50Hz）、2.6（60Hz）和2.7（大于45ms的特殊时间常数）		

得出：

I_{dyn} =　　　　A 以及 F_1 =　　　　daN

支架或母排端头受力

计算支架上受力的公式：

$$F = F_1 \times \frac{H+h}{H}$$

其中

F	力		daN
H	绝缘体高度		cm
h	绝缘子端头到母排重心的距离		cm

计算有*N*个支架时的受力

每一个支架所吸收的力F最大等于计算出的力F_1乘以一个系数k_n，该系数根据所安装等距支架的总数量N而变化。

- 支架数量　N =
- 如果N已知，可以借助下表定义k_n：

N	2	3	4	≥5
k_n	0.5	1.25	1.10	1.14

假设：

F =　　　　(F_1) x　　　　(k_n) =　　　　daN

乘以系数k后的力，应与支架的机械强度进行比较，从而得出安全系数。

- 所使用的支架具有抗弯强度

  F' =　　　　daN

校验是否$F' > F$

- 得到了以下安全系数：

  F'/F =

母排的机械强度

假设母排两端均与设备紧密接触，那么它们就会受到弯曲力矩的影响，从而产生应力：

$$\eta = \frac{F_1 \times L}{12} \times \frac{v}{I}$$

其中

η	合成应力，它必须小于母排的允许应力，即 ■ 1/4硬铜 1200daN/cm² ■ 1/2硬铜 2300daN/cm² ■ 4/4硬铜 3000daN/cm² ■ 1/2硬铜 1200daN/cm²		
F_1	导线之间的力		daN
L	同相绝缘子之间的距离		cm
I/v	是母排或一组母排间的惯性模量（在图表B41中选择值）		cm³
v	不受力的中间点与应力最大点（最远的点）之间的距离		cm

每相单母排

相1　相2

■ 每相单母排：

$$I = \frac{b \times h^3}{12} \qquad \frac{I}{v} = \frac{b \times h^2}{6}$$

每相双母排

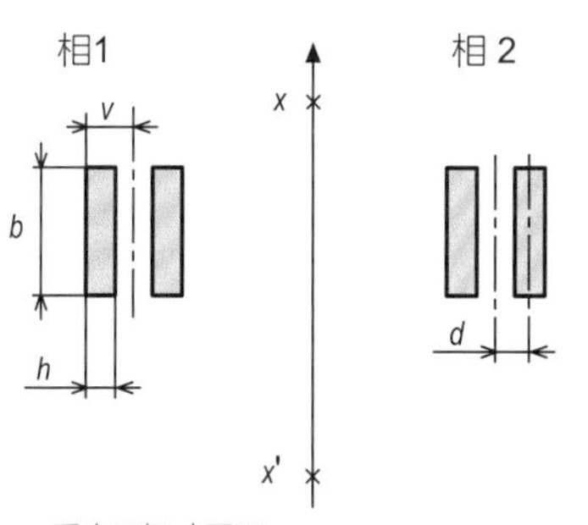

xx：垂直于振动平面

图表B40：母排各参数图例

■ 每相双母排：

$$I = 2 \times \left(\frac{b \times h^3}{12} + S \times d^2\right) \qquad \frac{I}{v} = \frac{2 \times \left(\frac{b \times h^3}{12} + S \times d^2\right)}{1.5 \times h}$$

S—— 母排截面积（cm²）。

校验

η 　　　　< η 母排（铜或铝）= 　　　　(daN/cm²)

按母排横截面积S、单位长度质量m、惯性模量I/v、惯性矩I来选择母排：

排布方式*				母排尺寸 (mm)								
				100 x 10	80 x 10	80 x 6	80 x 5	80 x 3	50 x 10	50 x 8	50 x 6	50 x 5
	S		cm²	10	8	4.8	4	2.4	5	4	3	2.5
	m	铜	daN/cm	0.089	0.071	0.043	0.036	0.021	0.044	0.036	0.027	0.022
		A5/L	daN/cm	0.027	0.022	0.013	0.011	0.006	0.014	0.011	0.008	0.007
	I		cm⁴	0.83	0.66	0.144	0.083	0.018	0.416	0.213	0.09	0.05
	I/v		cm³	1.66	1.33	0.48	0.33	0.12	0.83	0.53	0.3	0.2
	I		cm⁴	83.33	42.66	25.6	21.33	12.8	10.41	8.33	6.25	5.2
	I/v		cm³	16.66	10.66	6.4	5.33	3.2	4.16	3.33	2.5	2.08
	I		cm⁴	21.66	17.33	3.74	2.16	0.47	10.83	5.54	2.34	1.35
	I/v		cm³	14.45	11.55	4.16	2.88	1.04	7.22	4.62	2.6	1.8
	I		cm⁴	166.66	85.33	51.2	42.66	25.6	20.83	16.66	12.5	10.41
	I/v		cm³	33.33	21.33	12.8	10.66	6.4	8.33	6.66	5	4.16
	I		cm⁴	82.5	66	14.25	8.25	1.78	41.25	21.12	8.91	5.16
	I/v		cm³	33	26.4	9.5	6.6	2.38	16.5	10.56	5.94	4.13
	I		cm⁴	250	128	76.8	64	38.4	31.25	25	18.75	15.62
	I/v		cm³	50	32	19.2	16	9.6	12.5	10	7.5	6.25

* 排布方式：垂直于母排的平面上的横截面（显示两相）。

图表B41：母线应力计算的相关数据

校验所选母排是否会发生谐振。

4.4 固有谐振频率

对于频率为50Hz的电流，应避免使用固有频率在50～100Hz之间的母排。
此固有频率由以下方程给出：

$$f = 112 \times \sqrt{\frac{EI}{mL^4}}$$

其中

f	谐振频率（Hz）		
E	弹性模量： ■ 对于铜 1.3×10^6 daN/cm^2 ■ 对于铝A5/L 0.67×10^6 daN/cm^2		
m	母排单位长度质量 （在前页表中选择值）		daN/cm
L	2个支架或母排槽之间的距离		cm
I	母排横截面惯性矩 相对于$x'x$轴，垂直于振动平面（见之前解释的公式或选择上面表格中的值）		cm^4

假设：

f = Hz

必须校验这个频率要在必须避免的值范围之外，换句话说，这个频率必须避免落在42～58Hz 之间或者80～115Hz 之间。

4.5 母排计算实例

这里有一个要校验的母排计算。

俯视图

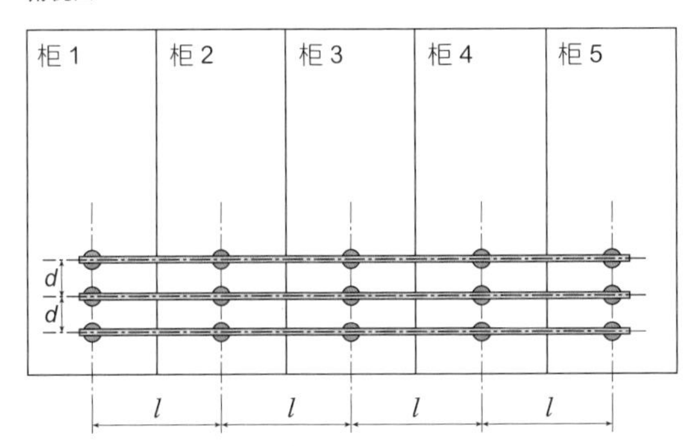

侧视图

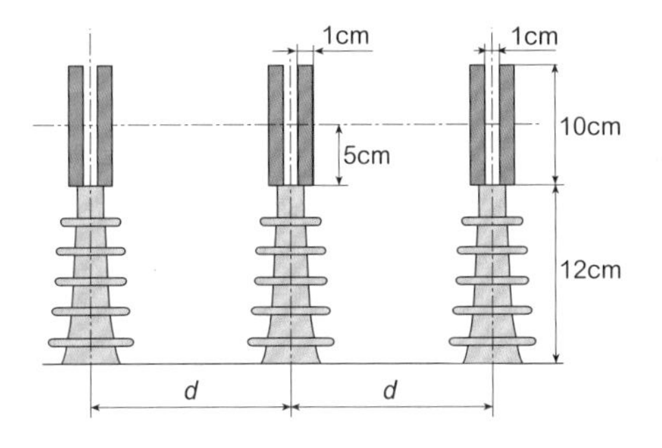

图表B42：母排计算校验实例的两视图

练习数据

- 考虑一组至少由5个中压柜组成的开关设备。
  - 每个中压柜有3个绝缘子（每相1个）；
  - 每相有2根母排，将5个中压柜电气连接在一起。
- 待校验的母排特性：

S	母排截面积（10 x 1）	10	cm^2
d	相间距离	18	cm
L	同相绝缘体间的距离	70	cm
θ_n	环境温度	40	°C
$(\theta - \theta_n)$	允许温升（90–40=50）	50	K
外形	扁平		
材料	1/4硬铜母排，允许应力η = 1200daN/cm^2		
安装方式	边缘固定		
每相母排数量：		2	

- 母排必须能够永久承受额定电流I_r=2500A，并且能够在t_k=3s的时间内承受31 500A rms的短路耐受电流。

- 额定频率f_r=50Hz。

- 其他特性：
  - 与母排接触的部件可以承受的最大温度 θ_{max} = 100℃；
  - 所使用的支架的抗弯强度F' = 1000daN。

校验母排的热耐受能力

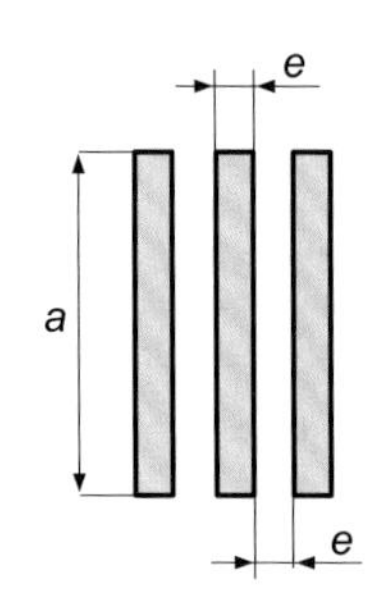

图表B43：母排结构参数图

对于额定电流（I_r）

借助“铜业发展协会”评论中发表的MELSOM&BOOTH公式，我们可以定义导线的允许电流：

$$I = K \times \frac{24.9 \times (\theta - \theta_n)^{0.61} \times S^{0.5} \times p^{0.39}}{\sqrt{\rho_{20}[1+\alpha \times (\theta - 20)]}}$$

其中

I	允许电流［单位：安培（A）］		
θ_n	环境温度	40	°C
$(\theta - \theta_n)$	允许温升(1)	50	K
S	母排截面积	10	cm^2
p	母排周长	22	cm
ρ_{20}	20°C时的导线电阻率（IEC 60943）：铜 1.83 μΩ·cm		
α	电阻率温度系数 0.004		
K	条件系数：(6个系数描述见下：k_1, k_2, k_3, k_4, k_5, k_6)		

(1) 参见标准IEC 62271-1通用规范表3。

确定系数k_1、k_2、k_3、k_4、k_5、k_6

■ 系数k_1是每相母排根数的函数：

□ 1根母排（$k_1 = 1$）；

□ 2或3根母排：

	e/a								
	0.05	0.06	0.08	0.10	0.12	0.14	0.16	0.18	0.20
每相母排数量	k_1								
2	1.63	1.73	1.76	1.80	1.83	1.85	1.87	1.89	1.91
3	2.40	2.45	2.50	2.55	2.60	2.63	2.65	2.68	2.70

在我们的例子中：

e/a =	0.10
每相母排数量 =	2
假设 k_1 =	1.80

■ 系数k_2是母排表面条件的函数：
□ 裸线：k_2 = 1。
□ 漆包：k_2= 1.15。

■ 系数k_3是母排位置的函数：
□ 边缘安装母排：k_3=1。
□ 一根基座安装母排：k_3=0.95。
□ 数根基座安装母排：k_3=0.75。

■ 系数k_4是母排安装地点的函数：
□ 无风室内环境：k_4=1。
□ 无风室外环境：k_4=1.2。
□ 非通风管道中的母排：k_4=0.80。

■ 系数k_5是人工通风的函数：
□ 无强制通风：k_5=1。
□ 通风应根据情况进行处理，并经试验验证。

■ 系数k_6是电流类型的函数：
□ 对于频率≤60Hz的交流电流，k_6是每相母排数量和间距的函数。
□ 如果间距等于母排的厚度，则k_6的值为：

n	1	2	3
k_6	1	1	0.98
在我们的例子中:			
n =		2	
得到k_6 =		1	

事实上有：

$$K = 1.80 \times 1 \times 1 \times 0.8 \times 1 \times 1 = 1.44$$

$$I = K\left(\frac{24.9 \times (\theta - \theta_n)^{0.61} \times S^{0.5} \times p^{0.39}}{\sqrt{\rho_{20}[1 + \alpha \times (\theta - 20)]}}\right)$$

$$I = 1.44 \times \frac{24.9 \times (90 - 40)^{0.61} \times 10^{0.5} \times 22^{0.39}}{\sqrt{1.83[1 + 0.004 \times (90 - 20)]}}$$

$$I = 2689\ \text{A}$$

选定解决方案：2 条 10 x 1 cm的母排／每相
符合于 $I_r < I$，即 2500A < 2689A

计算θ_t时必须更多地考虑细节，因为所需的母排必须最大承受I_r=2500A，而不是2689A。

对于短时耐受电流（I_{th}）

假设在整个持续时间（1s或3s）内：

- 所有发出的热量都用于提高导线温度；
- 辐射效应可以忽略不计。

下面的方程式可以用来计算短路温升：

$$\Delta\theta_{sc}=\frac{0.24\times\rho_{20}\times I_{th}^{2}\times t_k}{(n\times S)^2\times c\times\delta}$$

其中

c	金属比热容：铜 0.091kcal/(kg·°C)		
S	母排截面积	10	cm²
n	每相母排数量	2	
I_{th}	短时耐受电流：（最大短路电流，有效值）	31 500	A rms
t_k	短时耐受电流持续时间（1～3s）	3	s
δ	金属密度：铜 8.9 g/cm³		
ρ_{20}	20°C时的导体电阻率 铜1.83 μΩ·cm		
$(\theta-\theta_n)$	允许的温升	50	K

- 由于短路引起的温升为：

$$\Delta\theta_{sc}=\frac{0.24\times 1.83\ 10^{-6}\times(31\,500)^2\times 3}{(2\times10)^2\times 0.091\times 8.9}$$

$$\Delta\theta_{sc}=4\ \text{K}$$

- 短路后导体的温度θ_t将是：

$$\theta_t=\theta_n+(\theta-\theta_n)+\Delta\theta_{SC}$$

$$\theta_t=40+50+4=94\ \text{°C}$$

以上是对于 I = 2689 A 而言（参见前页中的计算）

针对I_r=2500A（母排额定电流）对θ_t的计算进行微调

- 借助MELSOM&BOOTH公式，可以推导出：

I = 常数x $(\theta-\theta_n)^{0.61}$ 和 I_r = 常数 x $(\Delta\theta)^{0.61}$

因此

$$\frac{I}{I_r}=\left(\frac{\theta-\theta_n}{\Delta\theta}\right)^{0.61}$$

$$\frac{2689}{2500}=\left(\frac{50}{\Delta\theta}\right)^{0.61}$$

$$\frac{50}{\Delta\theta}=\left(\frac{2689}{2500}\right)^{1/0.61}$$

$$\frac{50}{\Delta\theta}=1.126$$

$$\Delta\theta=44.3\,\text{°C}$$

- 在额定电流I_r=2500A的情况下，短路后的导体温度θ_t是：

$$\theta_t=\theta_n+\Delta\theta+\Delta\theta_{SC}$$

θ_t = 40 + 44.3 + 4 = 88.3 °C　(I_r = 2500A)

选择的母排是合适的，因为θ_t=88.3°C，低于θ_{max} = 100°C

（θ_{max}为与母排接触的部件所能承受的最高温度）。

校验母排的电动力耐受能力。

平行布置导线间的力

短路电流期间的电动力可由以下方程给出：

$$F_1 = 2 \times \frac{L}{d} \times I_{dyn}^2 \times 10^{-8}$$

其中

L	同相绝缘体之间的距离	70	cm
d	相间距离	18	cm
k	50Hz(对于50Hz的电力系统而言，k=2.5)	2.5	
I_{dyn}	短路电流峰值（A） $= k \times I_{th} = 2.5 \times 31\ 500$A	78 750	A

$$F_1 = 2 \times \frac{70}{18} \times 78\ 750^2 \times 10^{-8}\text{daN} = 482.3\ \text{daN}$$

支架或母排槽头端的力

计算支架上受力的公式：

$$F = F_1 \times \frac{H+h}{H}$$

其中

F	力（daN）		
H	绝缘体高度	12	cm
h	绝缘子端头到母排重心的距离	5	cm

$$F = 482.3 \times \frac{12+5}{12}\text{daN} = 683\text{daN}$$

如果有*N*个支架，则计算一个力：

每一个支架所吸收的力F最大等于计算出的力F_1乘以一个系数k_n，该系数根据所安装等距支架的总数量 N 而变化。

- 支架的数量 $N \geqslant 5$；
- 如果N已知，可以得出对应的k_n。

N	2	3	4	≥5
k_n	0.5	1.25	1.10	1.14

得出：

$F =$ 482.3 (F_1) x 1.14 (k_n) = 549.8 daN

所使用的支架的抗弯强度F' = 1000daN；计算出的力F = 549.8daN，**则解决方案适用。**

母排的机械强度

假设母排两端均与设备紧密接触，那么它们就会受到弯曲力矩的影响，从而产生应力：

$$\eta = \frac{F_1 \times L}{12} \times \frac{v}{I}$$

其中

η	合成应力（daN/cm²）		
L	同相绝缘体之间的距离	70	cm
I/v	是母排或一组母排间的惯性矩（从图表B44中选择值）	14.45	cm³

$$\eta = \frac{482.3 \times 70}{12} \times \frac{1}{14.45} \text{daN/cm}^2 = 195\text{daN/cm}^2$$

计算得出的合成应力(η=195daN/cm²)小于1/4硬铜母排的允许应力（1200daN/cm²），**则解决方案适用**。

安装方式				母排尺寸（mmxmm） 100 x 10
	S		cm²	10
	m	Cu	daN/cm	0.089
		A5/L	daN/cm	0.027
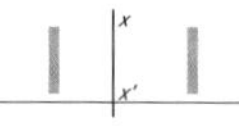	I		cm⁴	0.83
	I/v		cm³	1.66
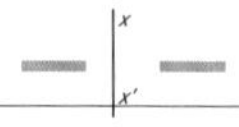	I		cm⁴	83.33
	I/v		cm³	16.66
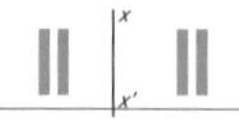	I		cm⁴	21.66
	I/v		cm³	14.45
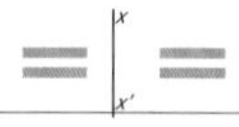	I		cm⁴	166.66
	I/v		cm³	33.33
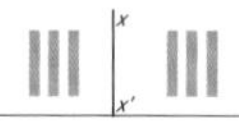	I		cm⁴	82.5
	I/v		cm³	33
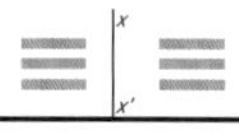	I		cm⁴	250
	I/v		cm³	50

图表B44：母线应力计算的相关数据（母排尺寸：100mm x 10mm）

检查以下所选母排是否会发生谐振。

固有谐振频率

对于频率为50Hz的电流，应避免使用固有频率在50～100Hz之间的母排。
此固有频率由以下方程给出：

$$f = 112 \times \sqrt{\frac{E \times I}{m \times L^4}}$$

其中

f	谐振频率（Hz）		
E	弹性模量： 对于铜 1.3 x 10^6daN/cm^2； 对于铝A5/L 0.67 x 10^6daN/cm^2		
m	母排单位长度质量(在图表44中选择值)	0.089	daN/cm
L	2个支架或母排槽之间的距离	70	cm
I	母排段的惯性矩与$x'x$轴相对应，垂直于振动平面	21.66	cm^4

$$f = 112 \times \sqrt{\frac{1.3 \times 10^6 \times 21.66}{0.089 \times 70^4}} \text{Hz} = 406 \text{Hz}$$

f 须在需要避免的值范围之外，即这个频率必须避免落在42～58Hz之间或者80～115Hz之间。**此解决方案适用**。

结论

所选择的母排，即每相 2 条母排 10 x 1 cm，是满足额定电流 I_r=2500A以及热稳定 I_{th}=31.5kA（持续时间3s）要求的。

5　绝缘强度

几个量级
- 介电强度：
 （20°C，1根母排，绝对值）2.9～3kV/mm
- 电离限制：
 （20°C，1根母排，绝对值）2.6 kV/mm

5.1　概述

介电耐受取决于以下三个主要参数：
- 介质的介电强度：这是构成介质的流体（气体或液体）的一项特性。对于环境空气来说，这一特性取决于大气条件和污染。
- 部件的形状。
- 距离：
  - □ 大气空气中带电部件之间的距离；
  - □ 绝缘气体介质中带电部件之间的距离。

开关柜所需要的介电耐受度是通过绝缘水平来表述的，是一组额定耐受电压值：
- 额定工频耐受电压；
- 额定雷电冲击耐受电压。

介电型式试验（IEC 60060-1和IEEE）
介电型式试验目的为检查额定耐受电压。与标准参考大气相比，外加电压取决于大气条件。
$U = U_o \times K_t$ $(0.95 \leqslant K_t \leqslant 1.05)$
U —— 是在试验外部条件时施加的电压；
U_o —— 是额定耐受电压（雷电冲击或工频）；
K_t —— 校正系数，K_t=1（标准参考大气）。
标准参考大气：
- 温度t_o= 20°C；
- 压力b_o=101.3kPa（1kPa=10mbar）；
- 绝对湿度h_o=11g/m^3。

局部放电
测量局部放电是一种适用于检测开关柜薄弱点的方法。但是，局部放电测量结果与使用性能或预期寿命之间建立可靠关系是不可能的。因此，无法为在完整产品上进行的局部放电试验提供验收标准。

5.2　介质的介电强度

大气条件
大气条件会影响现场和试验期间的介电强度。在试验前的实验室绝缘性能评估中考虑了部分大气条件。
大气条件对空气绝缘开关柜（AIS）的影响，要比气体绝缘开关柜（GIS）和屏蔽式固体绝缘开关柜（SSIS）大。

压力
气体绝缘的性能水平与压力有关。
压力下降会导致绝缘性能下降。

湿气（IEC 60060-1和62271-1）
在诸如气体和液体等电介质中，湿气会导致绝缘性能的变化。在电介质为液体的情况下，湿气总是会导致性能下降。在电介质为气体的情况下，湿气通常会导致除空气以外气体（SF_6、N_2等）的介电性能下降，但空气中较低的湿气浓度（湿度小于70%）会轻微改善整体性能（或称为“全气性能”）水平。

温度

当温度升高时，气体、液体或固体的绝缘性能水平均会降低。对于固体绝缘子，热冲击可能会造成细微裂纹，可能很快导致绝缘子破裂。

还必须高度重视膨胀现象：固体绝缘材料的膨胀率比导体高5～15倍。

5.3 介电试验

雷电冲击耐受试验（基本冲击水平）

试验是强制性的，在任何新产品的设计和认证过程中必须进行试验，以证明额定耐受电压。

距离(相间和相地)、母排的几何形状、母排终端、电缆终端和绝缘特性，是决定能否成功达到介电耐受标准的关键因素。

由于介电耐受会受到温度、大气压力、湿度、液体浸没等环境条件的影响，当设备在除标准条件以外的条件下接受试验时，需要一个大气修正系数。

设备的额定耐受电压也应根据产品的最终位置确定，并考虑到环境条件可能造成的影响。

短时工频耐压试验

开关柜和控制设备，应按照IEC 60060-1的要求进行短时工频电压耐受试验。

每种试验条件下，试验电压均应提高至试验值，并保持1min。对于室外开关柜和控制设备，试验应在干燥条件下和潮湿条件下分别进行。

可以按如下方式对隔离距离进行试验。

- 首选方法：在这种情况下，两个接线端上的两个电压值都不得低于额定相-地电压的三分之一。
- 备选方法：对于额定电压小于72.5kV的金属外壳气体绝缘开关柜，以及对于任何额定电压的常规开关设备，该框架的对地电压不需要如此精确地固定，而且框架甚至可以进行绝缘。

备注：由于额定电压170kV和245kV的开关柜，和控制设备的工频电压湿试验结果分布范围较广，因此业界均认可用湿式250/2500μs操作冲击电压试验替换这些试验，前者的峰值是指定工频试验电压有效值的1.55倍。

介电试验需要一个修正系数来评估所施加的电压。这里将着重介绍两种方法，其中方法1基于IEC标准，比方法2的使用范围要广，因为后者主要是在实施ANSI标准的国家和地区使用。

示例：

72.5kV 设备冲击电压试验（U_0= 325kV BIL）。

大气条件：

- p=997mbar；
- 温度t = 31.7°C；
- 相对湿度 H = 71.5%；
- L = 0.630m。

- 空气密度δ的计算：

$$\delta=\frac{p}{p_0}\times\frac{273+t_0}{273+t}=\frac{997}{1013}\times\frac{273+20}{273+31.7}=0.946\ 4$$

- 绝对湿度的计算（g/m³）

$$h=\frac{6.11\times71.5+e^{\left(\frac{17.6\times31.7}{243+31.7}\right)}}{0.4615\times(273+31.7)}\ \text{g/m}^3=23.68\text{g/m}^3$$

- 湿度脉冲系数 k 的修正系数

$$k=1+0.010\times\left(\frac{h}{\delta}-11\right)=1.140$$

- g 的计算

$$g=\frac{1.1\times325}{500\times0.630\times0.9464\times1.14}=1.05$$

$m = 1$

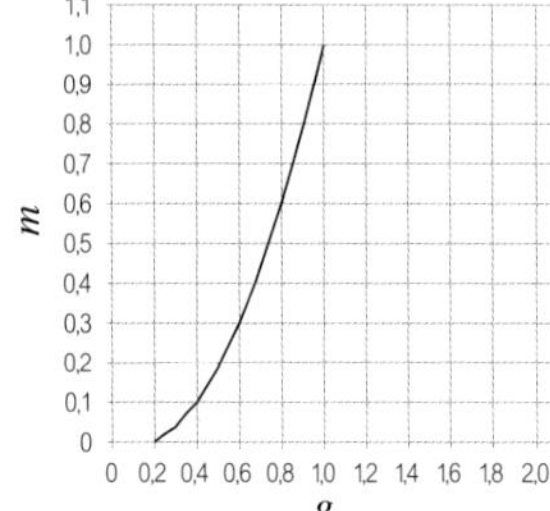

$w = 1$

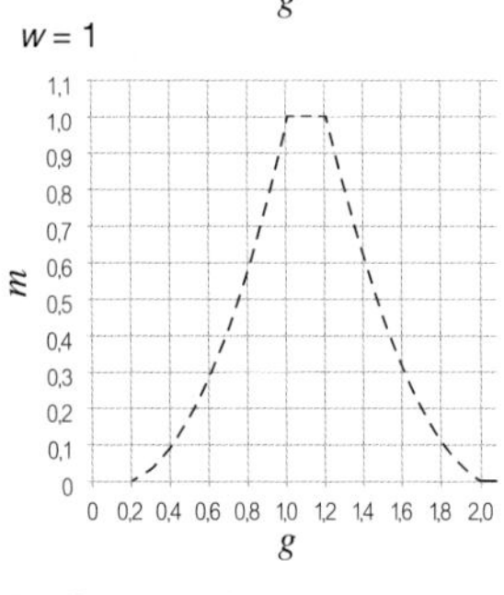

$k_1=\delta\ m=0.946$

$k_2=k^w=1.14$

$K_t=k_1\times k_2=1.079$

$U=U_0\times K_t=325\times1.079=350\text{kV}$

图表B46：m、g、w参数对应曲线图

大气修正系数介电试验IEEE标准 4-2013 方法1/ IEC 60060-1：2010

- 空气密度修正系数k_1=δm，其中δ为空气密度：

$$\delta=\frac{p}{p_0}\times\frac{273+t_0}{273+t}$$

t_0—— 温度，t_0=20°C（供参考）；

p_0—— 压力，b_0=101.3kPa（1013mbar）（供参考）；

t—— 现场温度或实验室温度；

p—— 现场或实验室内部的压力。

- 湿度修正系数$k_2=k^w$。

□ 绝对湿度h：

$$h=\frac{6.11\times H+e^{\left(\frac{17.6\times t}{243+t}\right)}}{0.461\ 5\times(273+t)}$$

h_0—— 绝对湿度，h_0 = 11g/m³（供参考）；

H—— 相对湿度（%）。

□ k是一个取决于试验类型的变量。

□ 直流：

$$k=1+0.014\times\left(\frac{h}{\delta}-h_0\right)-0.000\ 22\times\left(\frac{h}{\delta}-h_0\right)^2$$

□ 交流：

$$k=1+0.012\times\left(\frac{h}{\delta}-h_0\right)$$

□ 脉冲：

$$k=1+0.010\times\left(\frac{h}{\delta}-h_0\right)$$

- 与g=f(放电)相关联的指数m和w作为参数：

$$g=\frac{U_{50}}{500\times L\times\delta\times k}$$

U_{50}—— 在实际大气条件下的击穿放电电压的50%（kV）；

（备注：在耐受试验中，如果无法提供50%的击穿放电电压，U_{50}可以假定为1.1倍的U_0，U_0为试验电压。）

L—— 最短放电路径（m）；

k—— 一个取决于试验类型的变量。

g	m	w
< 0.2	0	0
0.2～1.0	$g(g-0.2)/0.8$	$g(g-0.2)/0.8$
1.0～1.2	1.0	1.0
1.2～2.0	1.0	$(2.2-g)(2.0-g)/0.8$
> 2.0	1.0	0

图表B45：g、m、w参数对应表

- 修正系数 $K_t=k_1k_2$。
- 电压试验 $U=U_0K_t$。

示例：

72.5kV 设备冲击电压试验[U_0= 325kV BIL（基本绝缘水平）]。大气条件：

- p=997mbar；
- 温度t = 31.7°C；
- 相对湿度 H = 71.5%；
- L = 0.630m。
- m=1和n=1用于雷电冲击电压。棒-棒间隙见图表B47和图表B48。

$$k_d = \left(\frac{997}{1013}\right)^1 \times \left(\frac{273+20}{273+31.7}\right)^1 = 0.946\,4$$

- 绝对湿度=23.68g/m³，见下文或IEC方法。

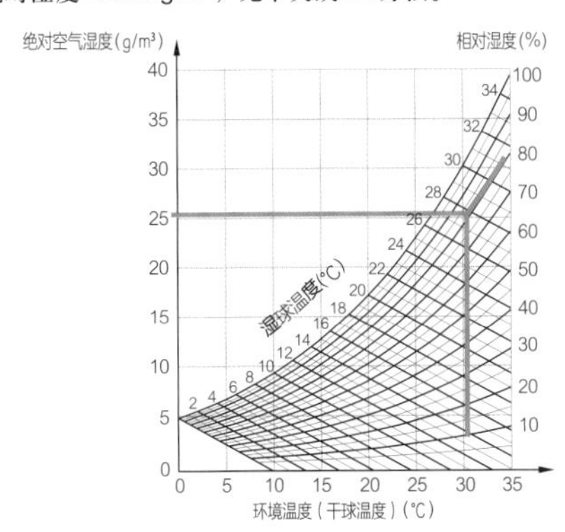

图表B47：温湿度转换表

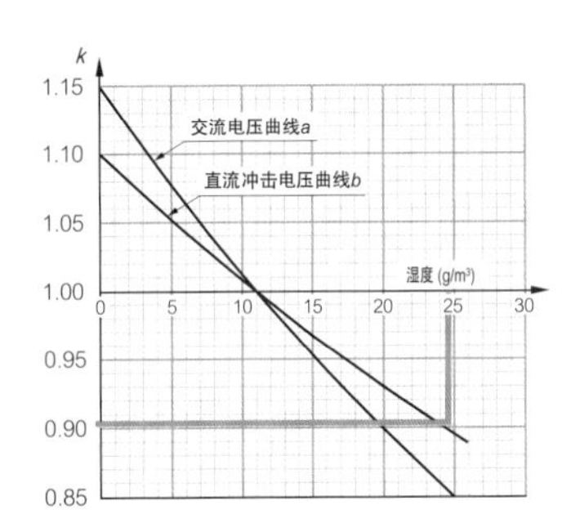

图表B48：温度修正系数与湿度的关系

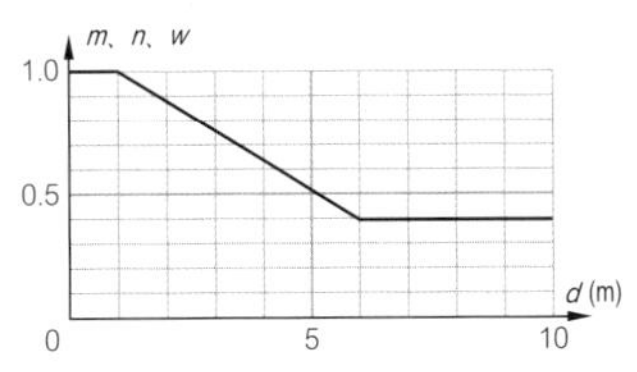

图表B49：m、n、w值与绝缘击穿距离的关系

正极 +w=1.0 负极 − w=0.8

$+k_h = k^{+w} = 0.905^1 = 0.905\,0$

$-k_h = k^{-w} = 0.905^{0.8} = 0.923\,2$

$$+K = \frac{k_d}{+k_h} = \frac{0.946\,4}{0.905\,0} = 1.045\,7$$

$$-K = \frac{k_d}{-k_h} = \frac{0.946\,4}{0.923\,2} = 1.025\,1$$

$+U = U_0 \times (+K)$= 325kV × 1.045 7 = 339.8kV

$-U = U_0 \times (-K)$= 325kV × 1.025 1 = 333.1kV

注：此处+表示正极，−表示负极。

介电试验IEEE标准4方法2的修正系数。

- 空气密度修正系数$k_1=\delta m$，其中δ为空气密度：

$$k_d = \left(\frac{p}{p_0}\right)^m \times \left(\frac{273+t_0}{273+t}\right)^n$$

剩余电压类型	电极形式	极性	空气密度修正指数m和n（见备注2）	湿度修正系数k	指数w
直流电压		+	1.0	参见图表B48（曲线b）	0
		−			0
		+			1.0
		−			1.0
		+			1.0
		−			0
交流电压			1.0	参见图表B48（曲线a）	0
			参见图表B49		参见图表B49
			参见图表B49		参见图表B49
雷电冲击电压		+	1.0	参见图表B48（曲线b）	0
		−			0
		+			1.0
		−			0.8
		+			1.0
		−			0
操作冲击电压		+	1.0	参见图表B48（曲线b）	0
		−	1.0		0
		+	参见图表B49		参见图表B49
		−	0（参见备注1）		0（参见备注1）
		+	参见图表B49		参见图表B49
		−	0（参见备注1）		0（参见备注1）

注：

：间隙提供基本均匀场。

：棒-棒间隙和带电极的试验对象，提供不均匀电场，但电压分布基本对称。

：棒-面间隙和具有类似特征的试验对象，如支承绝缘子，即提供一个带有明显非对称电压分布的不均匀电场的电极。

对于任何不属于前述类别的电极排列方式，只能应用空气密度修正系数，使用指数m=n=1，而不应采用湿度修正。

对于湿式试验，应采用空气密度修正系数，而不能应用湿度修正系数。对于人工污染试验，不应使用任何修正系数。

备注1：可用信息很少。目前不建议做任何修正。

备注2：在图表B47和图表B48中，给出了现有信息的简化版本。不同来源的可用实验数据散布始终较大，而且常常相互冲突；此外，针对直流电压和操作冲击的相关信息也很稀少。因此并不能确定使用相等的指数m和n以及其给定数值是否恰当。

图表B50：大气校正因子的应用

5 绝缘强度

现场其他因素也可能影响绝缘性能

冷凝

绝缘体表面上的水滴沉淀现象，可将局部绝缘性能降低3倍。

污染

导电的灰尘可能存在于气体和液体中，或者沉积在绝缘子表面上。其影响始终一致：将绝缘性能降低高达10倍！

污染可能来自：外部气体介质（尘埃），初期清洁度不足，以及内部表面可能发生的分解。

污染与湿气结合，会引起电化学传导，从而导致局部放电现象增加。

污染程度也可能与户外使用有关。

海拔

对于海拔超过1000m的设备安装，必须按照IEC 60071-2标准来确定其在使用位置的外部绝缘水平。开关柜和控制设备的额定绝缘等级应该等于或高于此值；参考IEC/TR 62271-306。

■ 开关柜的额定值依据是标准参考大气，通常被称为海平面条件。

经验表明，开关柜和控制设备可以在海拔高达1000m的地方使用，而无需使用高度修正系数。

■ 对于内部绝缘，介电特性在任何海拔高度都是相同的，不需要采取特殊预防措施。

对于外部和内部绝缘，请参考IEC 60071-2。

■ 对于低压辅助和控制设备，如果海拔低于2000m，则不需要采取特殊预防措施。

对于更高的海拔，请参考IEC 60664-1。

■ IEC 60071-2

$$K_a = e^{m \times \left(\frac{H}{8150}\right)}$$

■ IEC 62271-1:2011

$$K_a = e^{m \times \left(\frac{H-1000}{8150}\right)}$$

m在任何情况下都取作一个固定值以简化，如下所示：

■ 对于工频、雷电冲击和相间操作冲击电压，$m=1$；

■ 对于纵向操作冲击电压，$m=0.9$；

■ 对于相-地操作冲击电压，$m=0.75$。

对于受污染的绝缘子，指数m的值为暂定值。

出于长期试验和受污染绝缘子的短时工频耐受电压（如需要）的考虑，对于正常绝缘体，m可能低至0.5，而对于防雾设计则高达0.8。

示例：

■ IEC 62271-1:2011标准

如果H=2000m且m=1，可进一步使用下图：

K_a= 1.13

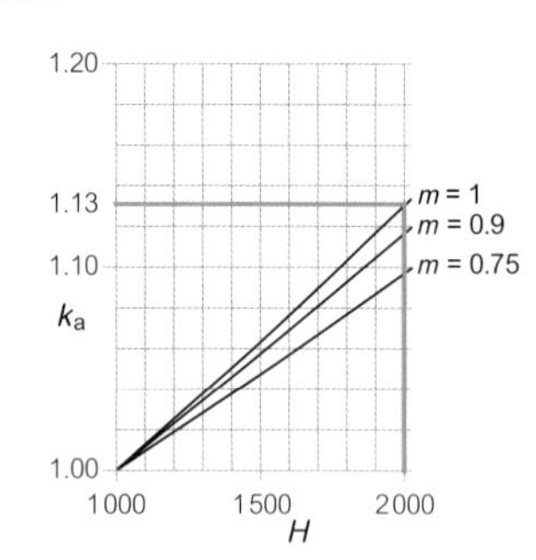

计算

$$K_a = e^{\left(\frac{2000-1000}{8150}\right)} = e^{\left(\frac{1000}{8150}\right)} = 1.13$$

■ IEC 60071-2 标准

$$K_a = e^{\left(\frac{2000}{8150}\right)} = 1.278$$

图表B51：海拔修正系数计算示例

5.4 部件形状

这对于开关柜介电性能起着关键的作用，对于消除任何源自尖锐边缘的“峰值”效应是至关重要的，因为这种效应尤其会对冲击耐受能力和绝缘子的表面老化造成灾难性的影响。

空气电离▶ 区域产生 ▶ 模制绝缘表面击穿

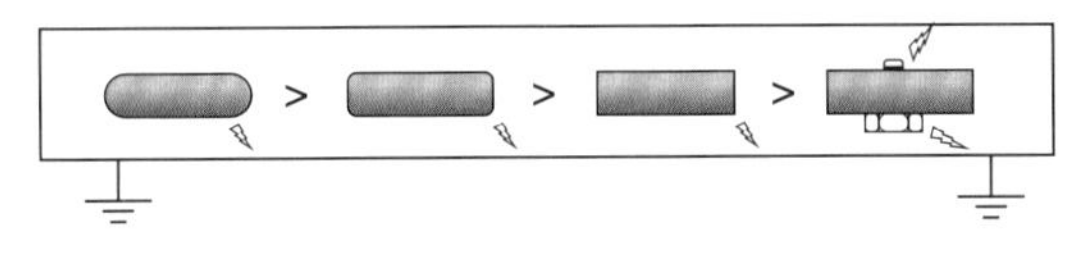

图表B52：部件形状对介电耐受能力影响

不同形状的中压导体示例，其形状反映了其对接地金属外壳的介电耐受能力，对不同形状导体进行比较，最左侧导体是最佳形状，见图表B52。

5.5 部件间距

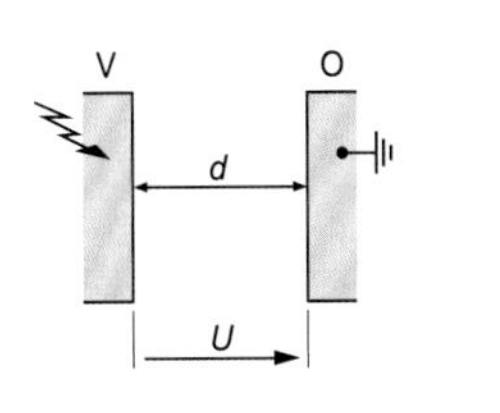

图表B53：电气间隙

由于各种原因不能在冲击条件下进行试验的设备装置，IEC 60071-2标准的表A1根据要求的雷电冲击耐受电压，给出了需遵守的空气中最小相-地或相间距离。

当海拔低于1000m时，这些距离可提供足够的介电耐受能力。

带电部件与金属接地结构之间的电气间隙[1]（图表B53），与干燥条件下雷电冲击耐受能力的对比：

雷电 冲击耐受电压（BIL）	空气中最小距离 相-地和相间	
*U*p (kV)	*d* (mm)	*d* (in)
20	60	2.37
40	60	2.37
60	90	3.55
75	120	4.73
95	160	6.30
125	220	8.67
145	270	10.63
170	320	12.60
250	480	18.90

图表B54：对应不同雷电冲击耐受电压的空气最小间隙

上表中给出的空气中距离的值是在只考虑介电性能的条件下确定的最小值。它们不包括在设计公差、短路效应、微风效应、操作人员安全等方面需要考虑的任何增加。

[1] 电气间隙与单个气隙距离相对应，而没有考虑到爬过设备表面导致的击穿电压，这与污染问题有关。

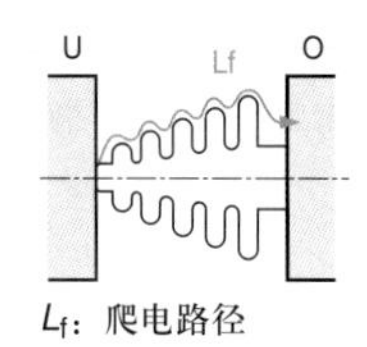

L_f：爬电路径

图表B55：爬电路径

介电数字分析

借助数值模拟软件，如果最大电场小于给定的标准，就可能设计出更紧凑的产品。

绝缘子特殊情况

有时会在带电部件之间，或在带部件和金属接地结构之间使用绝缘子。选择绝缘体时应考虑污染程度。

有关这些污染级别的描述，参见技术规范IEC 60815-1《计划在污染条件下使用的高压绝缘子的选择和尺寸标定 第1部分：定义、信息和一般原则》。

安装间隙

如果超出了产品的介电耐受能力和防护等级，则安装必须格外谨慎。电气安装规则应遵守地方法规规定。IEC 61936-1重点介绍了针对中压设备安装的一些预防措施和国家/地区差异。

在北美，美国国家消防协会（NFPA）在NFPA70 文件中规定了最小的空气间隙。

在现场组装设备安装时，带电裸导线之间及裸导线与邻近接地体表面间的最小空气间隙，不应小于图表B56中所给出的值。

这些值不适用于已按照国家/地区标准设计、制造和试验的设备的内部结构或外部端子。

额定电压（kV）	冲击耐受电压BIL（kV）		带电部件电气间隙(1)							
			相间				相-地			
			室内		室外		室内		室外	
	室内	室外	mm	in	mm	in	mm	in	mm	in
2.4～4.16	60	95	115	4.5	180	7	80	3.0	155	6
7.2	75	95	140	5.5	180	7	105	4.0	155	6
13.8	95	110	195	7.5	305	12	130	5.0	180	7
14.4	110	110	230	9.0	305	12	170	6.5	180	7
23	125	150	270	10.5	385	15	190	7.5	255	10
34.5	150	150	320	12.5	385	15	245	9.5	255	10
	200	200	460	18.0	460	18	335	13.0	335	13
46		200			460	18			335	13

(1) 所给出的值是在良好的使用条件下，刚性部件和裸导线的最小间隙。对于导线移动或在不利使用条件下或在空间允许的情况下，间隙应增加。应根据冲击保护装置的特性，针对某一特定系统电压选择相关冲击耐受电压。

图表B56：不同电压等级的部件间最小空气间隔

6 防护等级

6.1 IP代码（根据IEC 60529标准）

介绍

国际电气装置和产品标准要求应保护人们免受直接电击，并保护设备免受某些外部影响。了解防护等级对于设备的规格、安装、操作和质量控制至关重要。

定义

IP代码或防护等级是一种编码体系，用来表示外壳能够提供的防止接触危险部位、固体异物进入、液体进入的防护等级，并提供与此类保护有关的其他信息。

范围

IEC 60529标准适用于额定电压小于或等于72.5kV的电气设备的外壳。但是，IP代码可以在更大范围内使用，例如也可用于传输设备。IP代码本身并不涉及开关设备，比如断路器，但是当后者安装在机柜（比如孔眼更细的通风网）内时，则必须修改其前面板的防护等级。

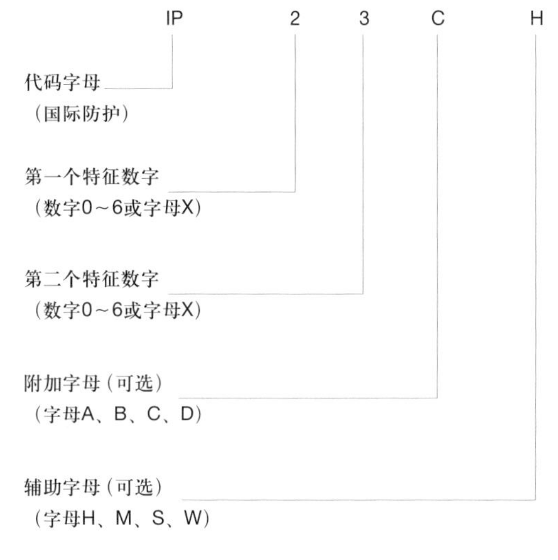

如果不要求指定一个特征数字，则应替换为字母“X”（如果两个数字都省略，则为“XX”）。
附加字母和/或辅助字母可以在没有替换的情况下省略。

图表B57：IP代码排列

各种IP代码及其含义

下表中对IP代码（图表B57）中的项目进行了简要描述（图表B58）。

项目	数字或字母	对设备防护的意义	对人身防护的意义
代码字母	IP		
第一个特征数字		防止固体异物进入	防止接近危险部分
	0	（无保护）	（无保护）
	1	≥50 mm（直径）	手背
	2	≥12.5 mm（直径）	手指
	3	≥2.5 mm（直径）	工具
	4	≥1.0 mm（直径）	金属线
	5	防尘	金属线
	6	尘密	金属线
第二个特征数字		防止进水造成有害影响	
	0	（无保护）	（无保护）
	1	垂直滴水	
	2	滴水（倾斜15°）	
	3	淋水	
	4	溅水	
	5	喷水	
	6	强烈喷水	
	7	短时间浸水	
	8	连续浸水	
	9	高温和高压水喷射	
附加字母（可选）			
	A		手背
	B		手指
	C		工具
	D		金属线
补充字母（可选）		针对以下项目的补充信息：	
	H	高压电器	
	M	做防水试验时试样运动	
	S	做防水试验时试样静止	
	W	气候条件	

图表B58：各种IP代码及含义

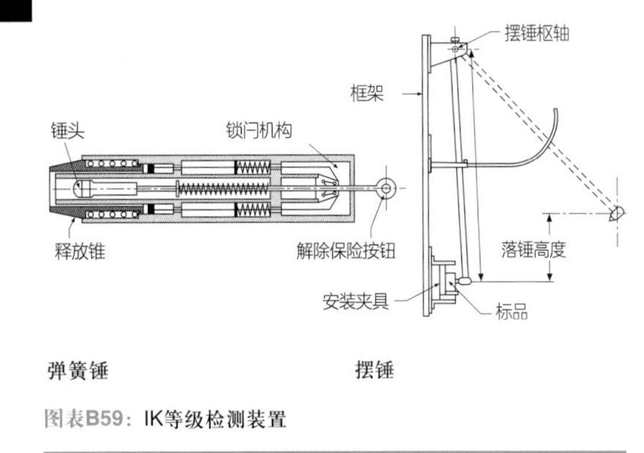

图表B59：IK等级检测装置

6.2 IK代码

介绍

IEC 62262标准中定义了电气设备外壳防护外部冲击的防护等级。
IK代码中的防护等级分类只适用于额定电压最高72.5kV（包括）的电气设备的外壳。但是，IK代码可以在更大范围内使用，例如也可用于传输设备。

根据IEC 62262标准，防护等级适用于完整的外壳。如果外壳的不同部分有不同的防护等级，则必须分别指定。

定义

防护等级与冲击能量水平（J）相对应：
- 锤击直接作用到设备上；
- 因此，将支撑传递的冲击由振动形式变为频率和加速度形式表示。

对机械冲击的防护等级可以使用不同类型的锤来验证，例如摆锤、弹簧锤或垂直锤。
试验设备和方法在IEC 60068-2-75“环境试验，试验Eh：锤试验”中均有说明。

各种IK代码及其含义见图表B60。

IK代码	IK00(1)	IK01	IK02	IK03	IK04	IK05	IK06	IK07	IK08	IK09	IK10
能量（J）		0.14	0.2	0.35	0.5	0.7	1	2	5	10	20
锤半径（mm）		10	10	10	10	10	10	25	25	50	50
等效质量（kg）		0.25	0.25	0.25	0.25	0.25	0.25	0.5	1.7	5	5
落锤高度（mm）		56	80	140	200	280	400	400	300	200	400
锤体材料											
钢 = A								•	•	•	•
聚酰胺 = P		•	•	•	•	•	•				
摆锤											
摆（Eha）		•	•	•	•	•	•	•	•	•	•
弹簧锤（Ehb）		•	•	•	•	•	•	•			
垂直锤（Ehc）		•	•	•	•	•	•	•	•	•	•

• 表示适用。
(1)根据此标准不受保护。

图表B60：各种IK代码及其含义

6.3 NEMA分类

下文介绍了一种用于室内中压开关柜或变电站的NEMA分类定义（源自NEMA 250-2003）。

在非危险场所，电气装置正确安装情况下，一些特定的外壳类型用来抵御外部的环境条件，现部分总结如下：

- 类型1：用于室内使用的外壳，能够为人员提供一定程度的防靠近危险部件的保护，并为外壳内的设备提供一定程度的防固体异物（落尘）进入保护。

- 类型2：用于室内使用的外壳，能够为人员提供一定程度的防靠近危险部件的保护；为外壳内的设备提供一定程度的防固体异物（落尘）进入保护；并在一定程度上防止进水（滴落和喷溅）对设备造成有害影响。

- 类型3：用于室内、外使用的外壳，能够为人员提供一定程度的防靠近危险部件的保护；为外壳内的设备提供一定程度的防固体异物（落尘和风吹尘）进入保护；并在一定程度上防止进水（雨、冻雨和雪）对设备的有害影响；并保护设备免受外壳外部结冰的损害。

- 类型3R：用于室内、外使用的外壳，能够为人员提供一定程度的防接触危险部件的保护；为外壳内的设备提供一定程度的防固体异物（落尘）进入保护；并在一定程度上防止进水（雨、冻雨和雪）对设备的有害影响；并保护设备免受外壳外部结冰的损害。

针对下列情况提供一定程度的保护	外壳类型（室内无危险场所）									
	1(1)	2(1)	4	4X	5	6	6P	12	12K	13
接触危险部件	•	•	•	•	•	•	•	•	•	•
固体异物进入（落尘）	•	•	•	•	•	•	•	•	•	•
进水（滴落和泼溅）		•	•	•	•	•	•	•	•	
固体异物进入（循环粉尘、碎线、纤维和飞扬物料(2)）			•	•		•	•	•	•	•
固体异物进入（沉降气载尘埃、碎线、纤维和飞扬物料(2)）			•	•	•	•	•	•	•	•
进水（软管浇水和溅水）			•	•		•	•			
油和冷却液渗漏								•	•	•
油或冷却液喷溅										•
腐蚀性药剂				•			•			
进水（偶然短时浸水）						•	•			
进水（偶然长时间浸水）							•			

•表示适用。

(1)这些外壳可以通风。

(2)这些纤维和飞扬物料是非危险物料，不是第三类可点燃纤维或可燃飞扬物料。关于第三类可点燃纤维或可燃飞扬物料，请参见《美国国家电工标准》第500条。

图表B61：NEMA分类下的外壳类型及对应的保护

6　防护等级

针对下列情况提供一定程度的保护	外壳类型（室外无危险场所）									
	3	3X	3R	3RX(1)	3S	3SX	4	4X	6	6P
接触危险部件	•	•	•	•	•	•	•	•	•	•
进水(雨、雪和冻雨(2))	•	•	•	•	•	•	•	•	•	•
冻雨(3)					•	•				
固体异物进入（风吹尘、碎线、纤维和飞扬物料）	•	•			•	•	•	•	•	•
进水(水管)								•	•	•
腐蚀性药剂		•		•		•		•		•
进水(偶然短时浸水)									•	•
进水(偶然长时间浸水)										•

•表示适用。

(1)这些外壳可以通风。

(2)当外壳被冰覆盖时，不要求外部操作机制可操作。

(3)当外壳被冰覆盖时，外部操作机制可操作。

图表B62：NEMA分类下的外壳类型及对应的保护

当在危险场所正确安装和维护时，第7类和第10类外壳能够承受内部爆炸而不会引起外部危险。

第8类外壳能够防止在使用液浸式设备的过程中发生燃烧。第9类外壳为能够防止可燃粉尘着火而设计。

请参阅NEMA网站以了解相应的定义。

7 腐蚀

在含有腐蚀性气体、液体或粉尘的恶劣环境中安装电气设备中压开关柜，可能导致设备性能严重、迅速恶化。

腐蚀定义为一种由于与环境反应导致的基体金属的退化。铜、铝制成的电气部件受影响最大；其次是钢制部件（包括碳钢和不锈钢）。安装开关设备的大气条件，对于开关柜及其部件设计过程中需要考虑的各个方面都非常重要，例如触头、外壳、母排和其他由金属和合金制成的关键部件。

7.1 大气腐蚀

ISO 9223标准将大气腐蚀性分为6个类别。ISO 12944系列标准对油漆保护系统进行了规定，此外对于近岸应用还适用ISO 20340标准。

耐用性：(L)2～5年，(M)5～15年，(H)超过15年。

每个类别都可以通过与耐用性相关的附加字母来指定（例如：C2H可以指定用于室内设备，C5MH可以指定用于安装在海岸附近的室外设备）。

超过15年后，使用寿命未作明确规定，建议在产品寿命期内进行检查。

ISO 9223标准描述了与腐蚀性类别评估有关的典型大气环境，并在图表B63中进行了总结。

类别[a]	腐蚀性	室内[b]	室外[b]
C1	非常低	相对湿度较低且污染不严重的加热空间，如办公室、学校、博物馆等	干燥或寒冷地区，大气环境污染很低，潮湿期很短，如某些沙漠、北极中央区/南极洲
C2	低	温度和相对湿度变化的未加热空间。冷凝频率低且污染低，例如仓库、体育馆	温带、低污染的大气环境(SO_2：5μg/m^3)，如农村地区，小城镇干燥或寒冷地区，有短暂湿润期的大气环境，如沙漠、亚北极地区
C3	中	冷凝频率中等且生产过程中有中等污染的空间，如食品加工厂、洗衣店、酿酒厂、乳品厂等	温带、有中等污染(SO_2：5～30μg/m^3)或一定氯化物影响的大气环境，例如城市地区、有低氯化物沉积的沿海地区、亚热带和热带地区，低污染大气
C4	高	冷凝频率高且生产过程中有高污染的空间，如工业加工厂、游泳池等	■ 温带、有中等污染(SO_2：5～30μg/m^3)或一定氯化物影响的大气环境，例如城市地区、有低氯化物沉积的沿海地区 ■ 亚热带和热带地区，低污染大气
C5 油漆 C5I C5M	非常高	冷凝频率非常高且/或生产过程中有高污染的空间，如矿场、用于工业目的的洞穴等。 亚热带和热带地区的无通风棚屋	温带和亚热带地区，污染非常严重(SO_2：90～250μg/m^3)或有显著氯化物影响的大气环境，例如工业地区、沿海地区、海岸线上的避风位置
CX	极端	具有近乎永久凝结，或长期受到极端潮湿影响和/或在生产过程中产生高污染的空间，例如潮湿热带地区的不通风棚屋，并且受到包括气载氯化物和可引发腐蚀的颗粒物质的室外污染渗透	亚热带和热带地区（湿度非常高），大气环境中SO_2污染非常高（超过250μg/m^3），包括伴生和生产因素和/或强氯化物影响，如极端工业区以及偶尔接触盐雾的沿海和近岸地区

图表B63：大气腐蚀性分级

7.2 电化学腐蚀

注1：沿海地区氯化物的沉积在很大程度上取决于影响海盐内陆运输的变量，例如风向、风速、当地地形、海岸以外的防风岛、现场与大海的距离等。

注2：氯化物的极端影响（海洋飞溅或重盐雾的典型影响）超出 ISO 9223 标准的范围。

注3：特定运行环境（例如：化学工业中）的腐蚀性分类超出ISO 9223标准的范围。

注4：在氯化物沉积的海洋大气环境中，由于吸湿盐的存在，受到遮蔽而未遭受雨水冲刷的表面会被归为高腐蚀性类别。

注5：腐蚀性类别C1和C2范围内室内环境类型的详细描述见ISO 11844-1。其中定义了室内腐蚀性类别IC1～IC5，并对它们进行了分类。
- 在预期被归类为“CX类别”的环境中，建议根据一年的腐蚀损耗确定大气腐蚀性分类。
- 应至少确定一年的二氧化硫（SO_2）浓度，并将其表示为年平均值。

图表B64提供了金属薄片改形（产品已经过依据EN 12944-6执行的试验）工业的几个涂层实例。

类别	腐蚀性	保护
C1	极低	电镀锌
C2	低	预镀锌
C3	中等	热浸镀锌
C4	高	预镀锌 + 粉末涂料（80μm）
C5	极高	预镀锌 + 粉末涂料（300μm）
CX	极端	需要咨询

图表B64：各腐蚀性分级对应的所需要的涂层保护

电偶

质量工程和设计需要了解材料兼容性。金属或合金与另一种金属或电解质相同的导电非金属电耦合时，会发生电偶腐蚀（图表B65）。

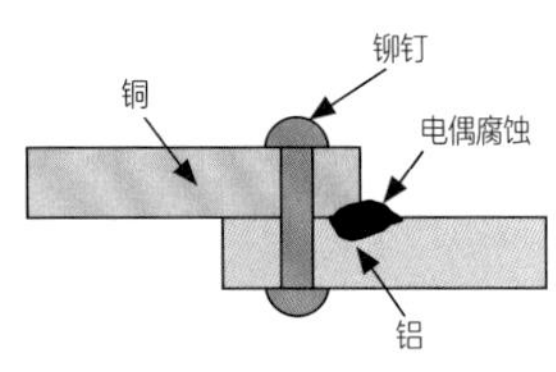

实例的电偶电压：580mV

图表B65：电偶腐蚀实例

三种基本成分为：
- 具备不同表面电势的材料：电偶性不同的金属。
- 常见电解质，例如：生理盐水。
- 常见电路——金属离子从阳极金属移动至阴极金属的导电通路。

常见电解质中的异种金属或合金相互电气隔离时，无论金属的接近度或其相对电势或规格如何，它们不会遭受电偶腐蚀。
如果只需要保护一种金属，则应对最接近阴极的金属进行涂层涂覆。

7.3 大气与电化学组合

通常设计需要不同金属接触时，电化学反应兼容性可以通过表面处理或镀层改善。表面处理或镀层有助于不同的材料接触并保护基材免受腐蚀，见图表B66。设计应评估C5腐蚀性分类处于0的“阳极指数”，但不执行专门验证试验。50mV被用作暴露于恶劣环境的户外产品的上限，通常需要将这种产品归类为C5。

对于特殊环境，例如：处于高湿度、盐环境的户外产品。通常情况下，“阳极指数”差值不应大于0.15V。

示例：金和银的差值为0.15V，这是可接受的（等效大气腐蚀分类为C4）。

对于正常环境，例如：存储在非温度和湿度受控条件下的仓库中室内产品。
通常情况下，“阳极指数”差值不应大于0.25V（等效大气腐蚀分类为C3）。

对于温度和湿度受控的环境，可耐受0.50V。
由于不同服务条件的湿度和温度有所不同，因此在决定此类应用时，应保持谨慎［等效大气腐蚀分类为C2（最高0.30V）和C1（最高0.50V）］。
技术报告IEC/TR 60943 V2009提供的信息为0.35V。

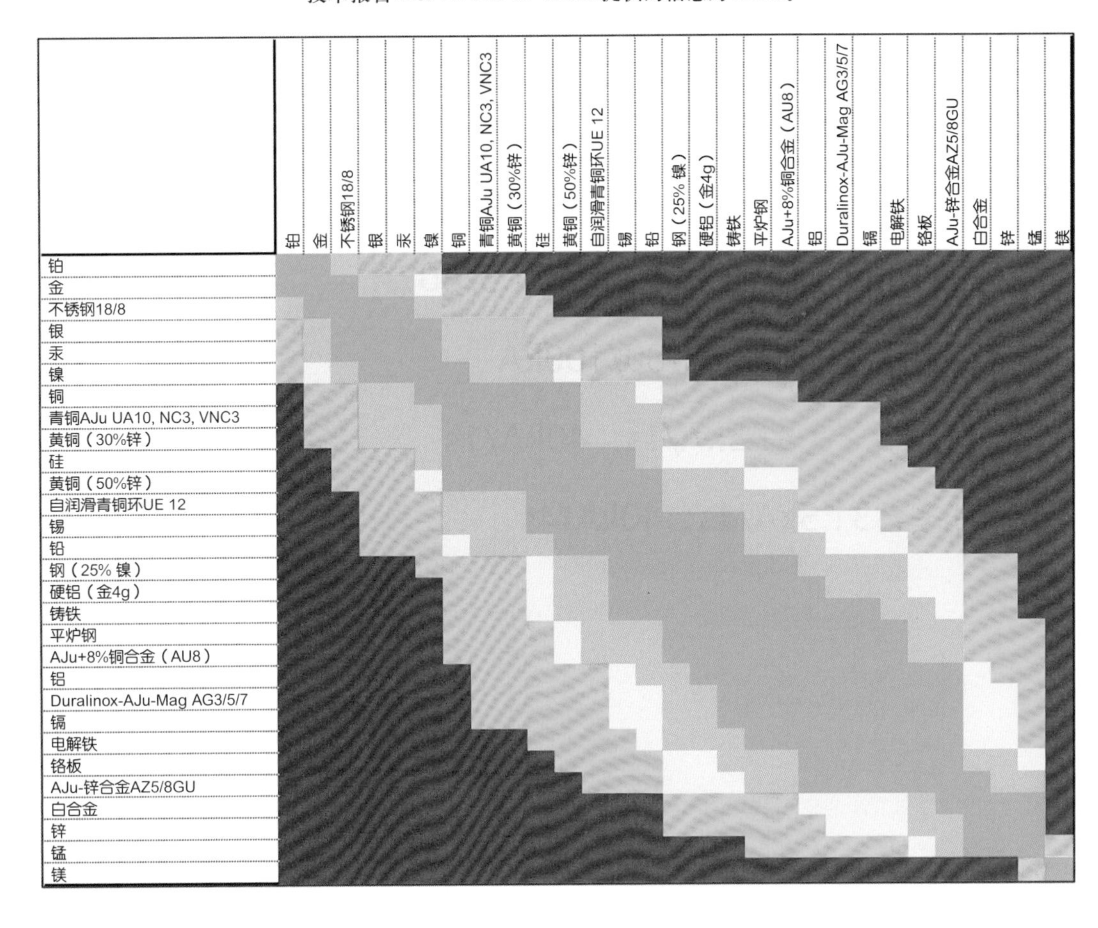

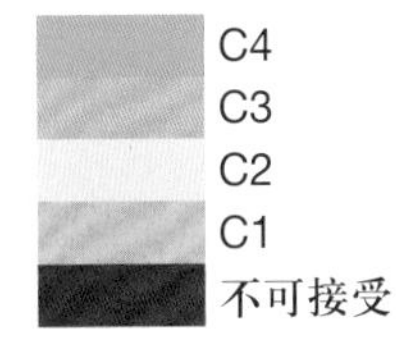

图表B66：不同金属间电偶腐蚀等级

数智时代，创造未来
智能中压开关设备

Smart MVnex 依托无线无源传感技术全面感知设备运行状态。

主动运维智能单元高效管理设备资产，优化巡检运维效率。

直观了解设备健康水平，评估健康风险。

弧光保护快速切断故障，降低事故影响。

Smart MVnex 中压金属铠装式开关柜

- 额定电压：12kV
- 额定电流：630~4000A
- 柜宽：500/550/650/800/1000mm
- 额定短时耐受电流（4s）：25/31.5/40kA
- 额定峰值耐受电流：63/80/100kA
- 内部燃弧水平：31.5kA/1s；40kA/1s
- 接地开关：31.5kA/4s；40kA/4s

第C章　开关设备

目录

1　中压断路器

IEC 62271-100及ANSI/IEEE C37-04、C37-06、C37-09一方面定义了运行条件、额定参数、设计及制造；另一方面定义了试验、选用导则和安装规则。

1.1　概述

断路器是一种装置，用来实现对电网的控制与保护，能够关合、耐受和切断工作电流和短路电流。

断路器主电路必须能够在不受损的情况下耐受：

- 1s、2s或3s内短路电流引起的热应力。
- 短路电流峰值引起的电动力：
  - □ 50Hz时2.5I_{sc}（标准时间常数为45ms）；
  - □ 60Hz时2.6I_{sc}（标准时间常数为45ms）；
  - □ 2.7I_{sc}（更大时间常数）。
- 稳态的负荷电流。

由于断路器多数时候处于“闭合”状态，所以在设备的整个寿命期间，需保证负荷电流流过断路器时温度不超标。

1.2　特性

强制额定特性（参见IEC 62271-100第4节）

美标时请参考ANSI/IEEE C37.09。

- 额定电压；
- 额定绝缘水平；
- 额定频率；
- 额定电流；
- 额定短时耐受电流；
- 额定峰值耐受电流；
- 额定短路持续时间；
- 分闸、合闸装置及辅助回路的额定电源电压；
- 分闸、合闸装置及辅助回路的额定电源频率；
- 适用时，操作、开断和绝缘用的压缩气源和/或液源的额定压力；
- 额定短路开断电流；
- 与额定短路开断电流相关的瞬态恢复电压；
- 额定短路关合电流；
- 额定操作顺序；
- 额定时间参量。

特殊额定特性

在下列具体情况下应给出的额定特性：

- 与额定短路开断电流相关的近区故障特性，适用于额定电压为15kV及以上和额定短路开断电流超过12.5kA，不论电网侧的电源类型，设计成直接与架空线连接的断路器；
- 额定线路充电开断电流，适用于开断架空输电线路的三极断路器（对于额定电压72.5kV及以上的断路器是强制性的）；
- 额定电缆充电开断电流，适用于开断电缆的三极断路器（对于额定电压52kV及以下的断路器是强制性的）。

根据要求应给出的额定特性

- □ 额定失步关合和开断电流；
- □ 额定单电容组开断电流；
- □ 额定背对背电容器组开断电流；
- □ 额定电容器组关合涌流；
- □ 额定背对背电容器组关合涌流；

断路器的额定特性与其额定操作顺序有关。

额定电压（参见IEC 62271-1:2011第4.1节）

美标时请参考ANSI/IEEE C37.100.1。

额定电压是设备设计的最大有效值。它表示设备用于的电网的“系统最高电压”的最大值（参照IEC 60038第9条）。

245kV及以下标准值如下：

- I系列：3.6kV，7.2kV，12kV，17.5kV，24kV，36kV，52kV，72.5kV，100kV，123kV，145kV，170kV，245kV。
- II系列（如北美地区）：4.76kV，8.25kV，15kV，15.5kV，25.8kV，27kV，38kV，48.3kV，72.5kV，123kV，145kV，170kV，245kV。

图表C1：雷电冲击电压波形

额定绝缘水平（参见IEC 62271-1:2011第4.3节）

请见美国ANSI/IEEE C37.100.1。

绝缘水平由两个值定义：

- 额定雷电冲击耐受电压50Hz,1.2/50μs /kV（峰值）；
- 额定1min工频耐受电压 /kV（有效值）。

范围I，系列I

额定电压有效值U_r(kV)	额定雷电冲击耐受电压50Hz, 1.2/50μs峰值U_p(kV)	额定1min工频耐受电压（有效值）U_d(kV)
7.2	60	20
12	75	28
17.5	95	38
24	125	50
36	170	70

范围I，系列II

额定电压有效值U_r(kV)	额定雷电冲击耐受电压50 Hz, 1.2/50μs峰值U_p(kV)	额定1min工频耐受电压（有效值）U_d(kV)
4.76	60	19
8.25	95	36
15.5	110	50
27	150	70
38	200	95

图表C2：额定电压及对应的额定绝缘水平

额定工作电流（参见IEC 62271-1:2011第4.4节）

由于断路器长期闭合，根据选用的材料和连接类型，当负荷电流持续通过时应能够满足对应的温升限值。

IEC规定了环境空气温度不超过40°C条件下的各种材料的最大允许温升（参见IEC 62271-1：2011）。

额定短时耐受电流（参见IEC 62271-1:2011第4.5节）

美标时请参考ANSI/IEEE C37.09。

$$I_{sc} = \frac{S_{sc}}{\sqrt{3} \times U}$$

式中 S_{sc} —— 短路容量（MVA）；
U —— 工作电压（kV）；
I_{sc} —— 短路电流（kA）。

I_{sc}是指在额定短路持续时间内，电网最大允许短路电流的标准有效值，也等于最大短路电流下的额定开断电流值，标准值（kA）为：6.3，8，10，12.5，16，20，25，31.5，40，50，63。

额定峰值耐受电流（参见IEC 62271-1:2011第4.6节）和关合电流（参见IEC 62271-100第4.103节）

美标时请参考ANSI/IEEE C37.09。

关合电流是断路器在短路时能够关合和承载的最大电流值。

它必须大于或等于额定短时耐受电流峰值。

I_{sc}是断路器额定电压下额定短路电流的最大值。

额定峰值耐受电流等于：

- 50Hz时为2.5I_{sc}；
- 60Hz时为2.6I_{sc}；
- 特殊的时间常数大于45ms时为2.7I_{sc}。

额定短路持续时间（参见IEC 62271-1:2011第4.7节）

额定短路持续时间的标准值是1s。

其他推荐值是0.5s、2s和3s。

分闸、合闸装置及其辅助回路的额定电源电压（参见IEC 62271-1:2011第4.8节）

美标时请参考ANSI/IEEE C37.06。

辅助回路电源电压值：

- 直流电（DC）：24V，48V，60V，110V，125～220V，250V。
- 交流电（AC）：120～230V。

工作电压必须在以下范围内（参见IEC 62271-1:2011第5.6节和5.8节）：

- 电机和合闸脱扣器：85%U_r～110%U_r适用于DC和AC。
- 分闸脱扣器（图表C3）：
  - □ DC时为70%U_r～110%U_r。
  - □ AC时为85%U_r～110%U_r。
- 欠电压分闸脱扣器：

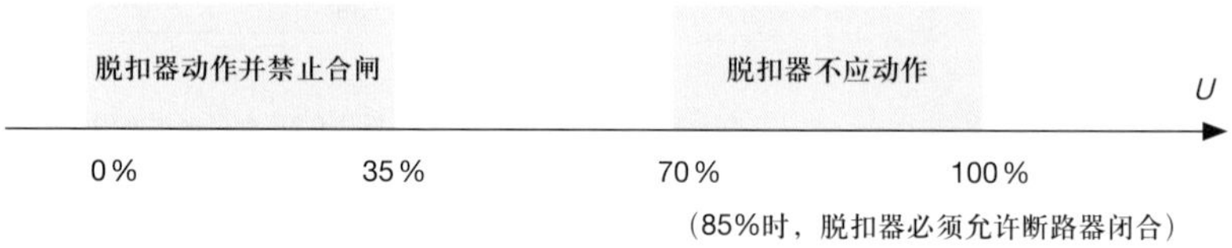

图表C3：欠电压分闸脱扣器的动作范围

额定频率（参见IEC 62271-1:2011第4.3和4.10节）

目前全世界使用两个频率：

欧洲为50Hz，美国为60Hz，一些国家两种都用。

额定频率为50Hz或60Hz。

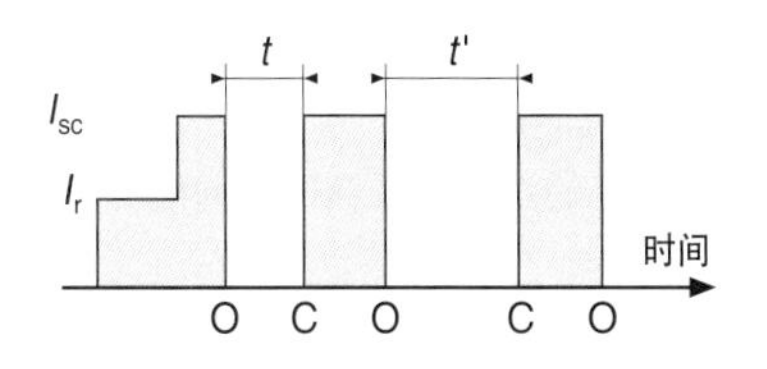

图表C4：额定分合闸操作

额定操作顺序（参见IEC 62271-100第4.104节）

美标时请参考ANSI/IEEE C37.09。

IEC规定的额定开关顺序，O-*t*-CO-*t*'-CO，见图表C4。

O：一次分闸操作；

CO ：一次合闸操作后，立即进行分闸操作。

存在三个额定操作顺序可选择：

- 慢：O - 3min - CO - 3min - CO。
- 快1：O - 0.3s - CO - 3min - CO。
- 快2：O - 0.3s - CO - 15s - CO。

注意：可以要求其他序列。

合闸/分闸循环（图表C5）

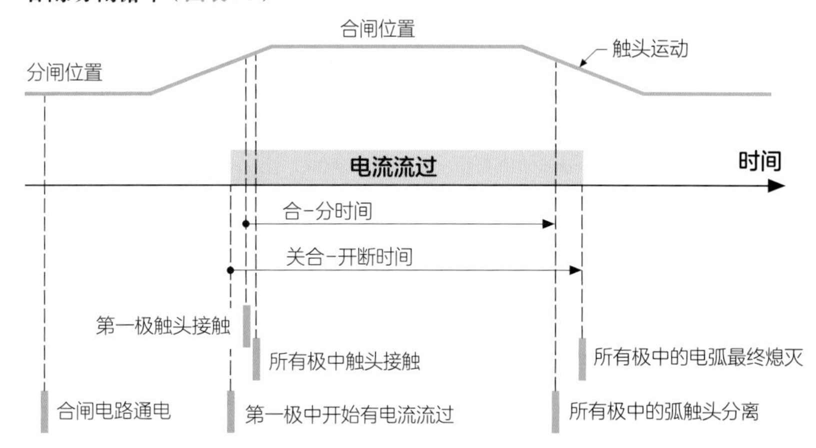

图表C5：分合闸循环电流过程

自动重合闸循环（图表C6）

假设：断路器断开后，立即命令合闸（延迟时间为0.3s或15s或3min）。

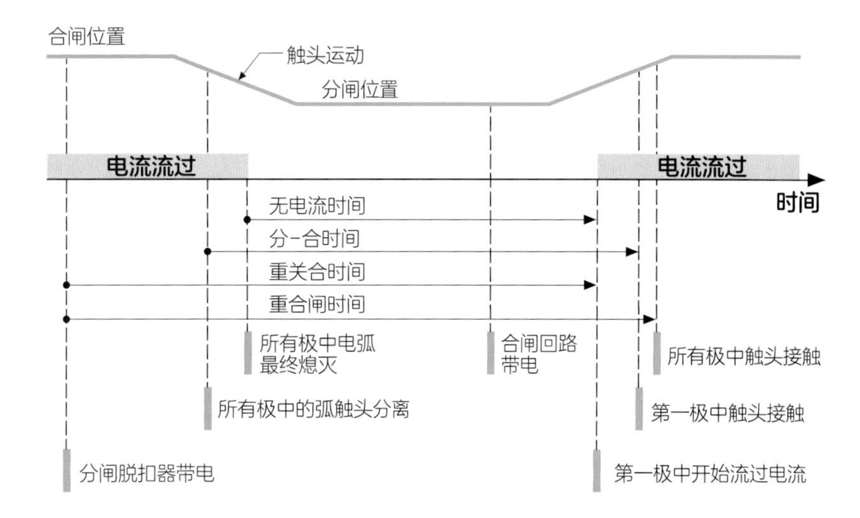

图表C6：自动重合闸循环的电流过程

C6 非周期分量百分比（%DC）与时间间隔（t）的关系

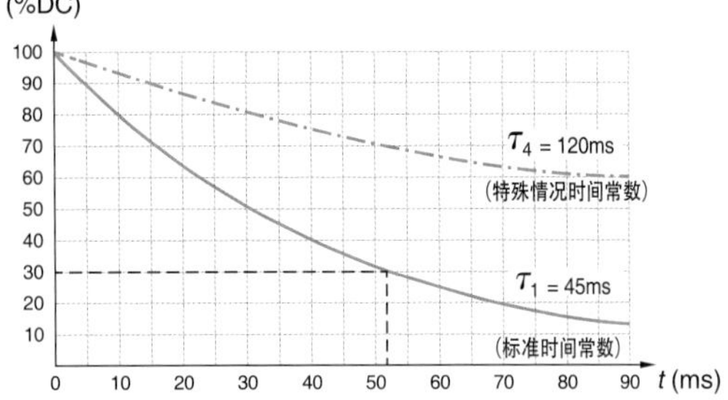

t：断路器分闸时间（T_{op}）加上额定频率下的半个周波（T_r）。

图表C7：非周期分量百分比（%DC）与时间间隔（t）的关系

例1：

对于最小分闸时间为45ms（顶部）的断路器，机上继电器动作的10ms（T_r），可得出时间常数 τ_1=45ms时非周期分量的百分比约为30%：

$$DC\% = e^{\frac{-(45+10)}{45}} = 29.5\%$$

例2：

假设中压断路器的DC%=65%，对称短路电流计算（I_{sym}）等于27kA。

$$I_{asym} = I_{sym} \times \sqrt{1+2\times(\%DC/100)^2}$$

$$I_{asym} = 27\,kA \times \sqrt{1+2\times(0.65)^2} = 36\,kA$$

转化成直流分量=30%时的对称短路电流的额定值为：

$$I_{sym} = \frac{I_{asym}}{\sqrt{1+2\times(\%\ DC/100)^2}}$$

$$= \frac{36.7}{\sqrt{1+2\times(0.3)^2}}\ kA$$

$$= \frac{36.7}{1.086}\ kA = 33.8kA$$

断路器额定值应大于33.8kA。

根据IEC标准，可选的最接近的标准额定值是40kA。

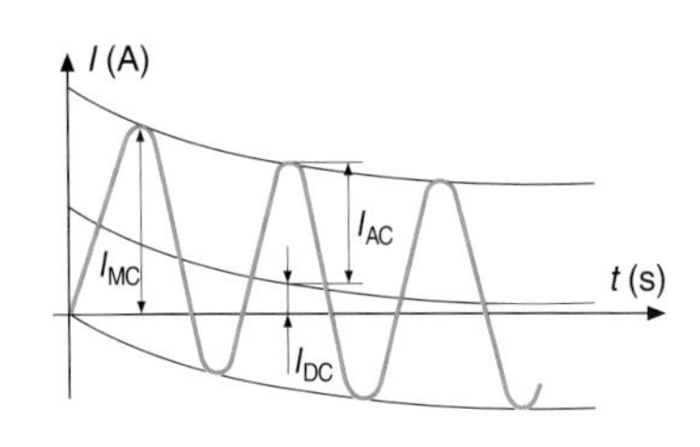

图表C9：短路电流各分量

额定短路开断电流（参见IEC 62271-100第4.101节）

额定短路开断电流是断路器必须能够在额定电压下开断的最高短路电流值。

由两个值来表征：

- 周期分量的有效值，术语为：“额定短路开断电流”；
- 断路器分闸时间间隔所对应的非周期分量的百分比，该时间间隔等于断路器最短分闸时间加上额定频率下的一个半波。

该半波对应于过电流保护装置的最小启动时间，50Hz时为10ms。

根据IEC，断路器必须能开断短路电流的周期分量有效值（=其额定开断电流）加上一定百分比的不对称分量，见图表C7定义。

IEC定义的中压设备的标准时间常数为45ms，50Hz时最大峰值电流等于2.5×I_{sc}，60Hz时等于2.6x I_{sc}。此时应使用 τ_1曲线。

对于发电机进线之类的低阻性电路，τ值可能会更高，最大电流峰值等于2.7×I_{sc}。此时使用 τ_4曲线。

τ_1～ τ_4之间的所有时间常数都可以使用下面的公式，来计算直流分量：

$$\%DC = 100\times e^{\frac{-(T_{op}+T_r)}{\tau_{1\cdots4}}}$$

额定短路开断电流值（kA）：

6.3，8，10，12.5，16，20，25，31.5，40，50，63。

短路分断测试必须满足以下五个测试序列：

序列	I_{sym}（%）	%非周期分量（%DC）
1	10	≤20
2	20	≤20
3	60	≤20
4	100	≤20
5(1)	100	根据公式

(1) 适用于开断时间小于80ms的断路器。

图表C8：短路分断测试序列

$$\frac{I_{DC}}{I_{AC}} = 100\times e^{\frac{-(T_{op}+T_r)}{\tau_{1\cdots4}}}$$

式中 I_{MC} —— 关合电流；

I_{AC} —— 周期分量峰值（I_{sc} 峰值）；

I_{DC} —— 非周期分量值；

DC% —— 不对称或非周期分量百分比。

对称短路电流（kA）：

$$I_{asym} = \frac{I_{AC}}{\sqrt{2}}$$

不对称短路电流（kA）：

$$I_{asym} = \sqrt{I^2_{sym} + 2\times I^2_{DC}}$$

$$I_{asym} = I_{sym}\times\sqrt{1+2\times(\%DC/100)^2}$$

额定瞬态恢复电压（TRV）
（参见IEC 62271-100第4.102节）

电流被断开后，断路器极两端出现的电压。

恢复电压波形随实际电路配置而变化。在给定电流下，只要瞬态恢复电压值低于额定瞬态恢复电压（TRV），断路器应能够可靠开断。

首开极系数

对于三相电路，TRV是指最早断开电路的极，即第一个开断极两端的电压。

该电压与单相电路电压之比叫做首开极系数，72.5kV及以下的系统该系数均等于1.5（中性点不接地的供电线路）。

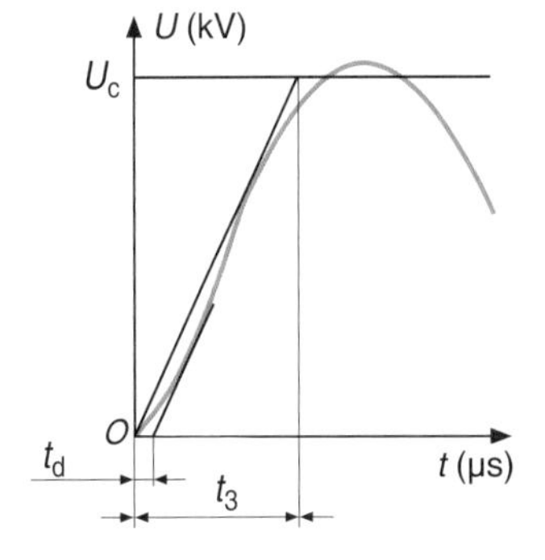

t_d —— 延迟时间；

t_3 —— 到达U_c的时间；

U_c —— TRV峰值电压（kV）；

$\frac{U_c}{t_3}$ —— TRV上升率（kV/μs）

图表C11：TRV波形

S1级断路器（用于电缆系统）的额定TRV值

■ TRV是不对称函数，标准给出了不对称性为0%的数值。

额定电压范围I，系列I

额定电压 U_r(kV)	TRV峰值 U_c(kV)	时间 t_3(μs)	延时 t_d(μs)	TRV上升率 $\frac{U_c}{t_3}$ (kV/μs)
7.2	12.3	51	8	0.24
12	20.6	61	9	0.34
17.5	30	71	11	0.42
24	41.2	87	13	0.47
36	61.7	109	16	0.57

额定电压范围I，系列II（北美）

额定电压 U_r(kV)	TRV峰值 U_c(kV)	时间 t_3(μs)	延时 t_d(μs)	TRV上升率 $\frac{U_c}{t_3}$ (kV/μs)
4.76	8.2	44	7	0.19
8.25	14.1	52	8	0.27
15.5	25.7	66	10	0.39
25.8	44.2	91	14	0.49
38	65.2	109	16	0.6

图表C10：不同额定电压的TRV值（电缆系统）

$$U_c = 1.4 \times 1.5 \times \frac{\sqrt{2}}{\sqrt{3}} \times U_r = 1.715 \times U_r$$
$$t_d = 0.15 \times t_3$$

■ 指定的TRV由具有两个参数的参考曲线和由定义延迟时间的一段直线表示（图表C11）。

额定失步开断电流（参见IEC 62271-100第4.106节）

美标时请参考ANSI/IEEE C37.09。

当断路器断开且两侧导体不同步时，断路器端子间的电压可能会升高到两侧导体的电压之和(相位完全相反时）。

在工程实践中，标准要求断路器能够在2倍的相对地电压下分断25%的故障电流。

如果断路器额定电压为U_r，则工频恢复电压等于：

- $2/\sqrt{3}U_r$（中性点有效接地系统的电网）；
- $2.5/\sqrt{3}U_r$（其他电网）。

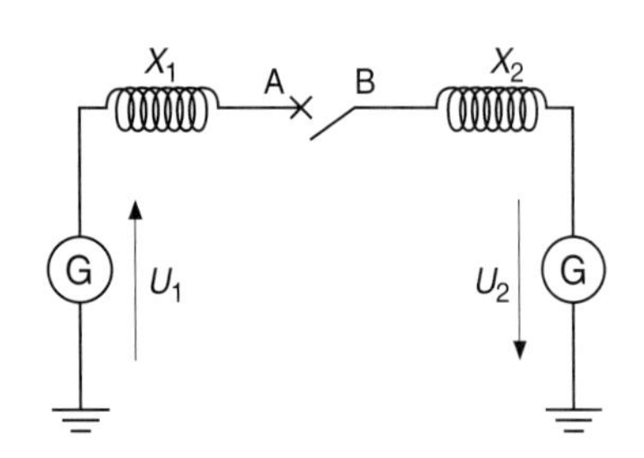

$U_A - U_B = U_1 - (-U_2) = U_1 + U_2$

如果 $U_1 = U_2$ 那么 $U_A - U_B = 2U$

图表C12：失步开断电压最大值示意图

针对中性点非有效接地系统的电网，S1级断路器的TRV峰值为：

$U_c = 1.25 \times 2.5 \times (\sqrt{2}/\sqrt{3}) \times U_r$

额定电压范围I，系列I

额定电压	TRV峰值	时间	TRV上升率
U_r(kV)	U_c(kV)	t_3 (μs)	$\frac{U_c}{t_3}$(kV/μs)
7.2	18.4	102	0.18
12	30.6	122	0.25
17.5	44.7	142	0.31
24	61.2	174	0.35
36	91.9	218	0.42

额定电压范围I，系列II（北美）

额定电压	TRV峰值	时间	TRV上升率
U_r(kV)	U_c(kV)	t_3 (μs)	$\frac{U_c}{t_3}$(kV/μs)
4.76	12.1	88	0.14
8.25	21.1	104	0.2
15.5	38.3	132	0.29
25.8	65.8	182	0.36
38	97	218	0.45

图表C13：不同额定电压的TRV值（中性点非有效接地系统电网）

额定电缆充电开断电流（参见IEC 62271-100第4.107节）

美标时请参考ANSI/IEEE C37.09。

对于额定电压低于52kV的断路器，规定断路器开断空载电缆的能力是强制性的。

断路器开断空载电缆的额定开断电流值(图表C14)：

额定电压范围I，系列I

额定电压	空载电缆额定开断电流
U_r (kV)	I_c (kA)
7.2	10
12	25
17.5	31.5
24	31.5
36	50

额定电压范围I，系列 II(北美)

额定电压	空载电缆额定开断电流
U_r (kV)	I_c (kA)
4.76	10
8.25	10
15.5	25
25.8	31.5
38	50

图表C14：断路器开断空载电缆的额定开断电流值

额定线路充电开断电流（参见IEC 62271-100第4.107节）

美标时请参考ANSI/IEEE C37.09。

对于额定电压≥72.5kV的断路器，规定断路器开断空载架空线路的能力是强制性的。

额定单个电容器组开断电流（参见IEC 62271-100第4.107节）

断路器电容器组开断电流的规定不是强制性的。由于谐波的存在，开断电容器的电流值会低于或等于设备额定开断电流的0.7倍。

额定电流	电容器开断电流（最大值）
(A)	(A)
400	280
630	440
1250	875
2500	1750
3150	2200

图表C15：额定电流对应电容器开断电流最大值

根据断路器的重击穿性能，可以把其分成两级：

- C1级：容性电流开断过程中重击穿概率低。
- C2级：容性电流开断过程中重击穿概率非常低。

图表C16：电容器组电路图

额定背对背电容器组开断电流（参见IEC 62271-100第4.107节）

多级电容器组开断电流的能力不是强制性的。

额定电容器组关合涌流（参见IEC 62271-100第4.107节）

电容器组额定关合电流，是指断路器在额定电压下必须能够关合的电流峰值。

断路器额定关合电流必须大于电容器组的合闸涌流。

单个和背对背电容器涌流值的计算公式，可参考IEC　62271-100附录H或IEC/TR 62271-306第9条。

通常情况下，合闸涌流的峰值和频率，对于单个电容器组大约为几千安和几百赫兹，对于背靠背电容器组，大约为几十千安和几百赫兹。

小电感开断电流（未规定额定值，参见IEC 62271-100第4.108节及IEC 62271-110）

小电感电流开断(几安到几百安)可能引起过电压。

在某些情况下，应根据断路器的类型使用电涌保护器，以确保过电压不会损害感性负载(空载变压器、电动机)的绝缘。

图表C17显示负荷侧的各种电压。

U_o—— 工频对地电压峰值；
U_x—— 第一极开断时的中性电压偏移；
U_a—— 断路器电弧电压降；
U_{in}—— 电流斩波瞬间初始电压$U_o + U_a + U_c$；
U_{ma}—— 抑制峰值对地电压；
U_{mr}—— 负荷侧对地电压峰值；
U_w—— 重燃时断路器两端电压；
U_p—— 最大对地过电压(如果没有重燃，可等于 U_{ma} 或 U_{mr})；
U_s—— 重燃时最大峰值偏移过电压。

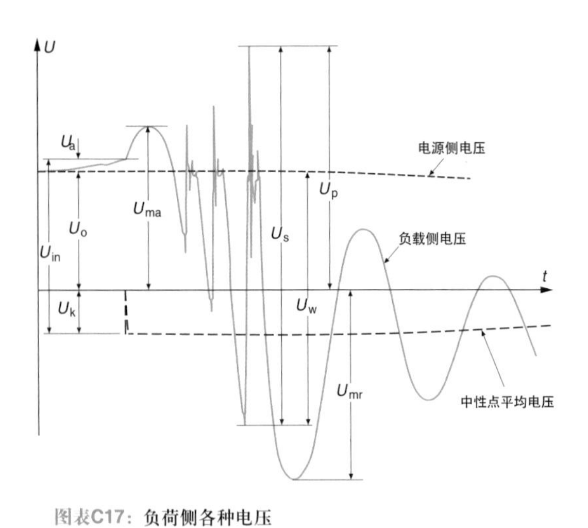

图表C17：负荷侧各种电压

电机绝缘水平

IEC 60034规定电机的绝缘水平。

图表C18给出了工频和冲击耐压测试(旋转机组的额定绝缘水平)。

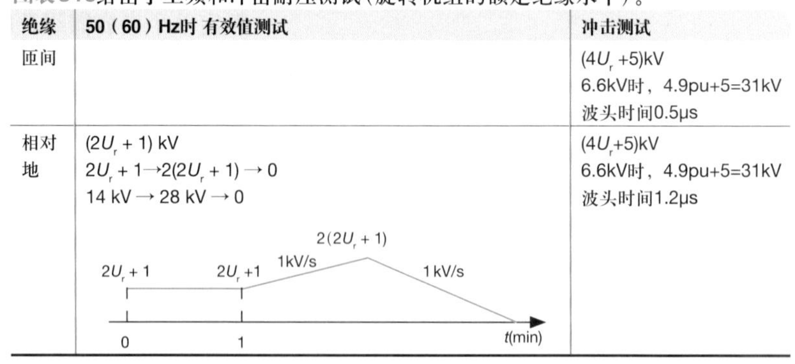

绝缘	50（60）Hz时 有效值测试	冲击测试
匝间		$(4U_r+5)$kV 6.6kV时，4.9pu+5=31kV 波头时间0.5μs
相对地	$(2U_r+1)$ kV $2U_r+1 \rightarrow 2(2U_r+1) \rightarrow 0$ 14 kV → 28 kV → 0	$(4U_r+5)$kV 6.6kV时，4.9pu+5=31kV 波头时间1.2μs

图表C18：工频和冲击耐压测试（旋转机组的额定绝缘水平）

正常工作条件（参见IEC 62271-1第2节）

小电感电流开关

无等级分配，参见IEC 62271-100第4.108节及IEC 62271-110；

对于运行在比下述条件更严酷的设备，均应考虑降容（见本章第10小节：降容）。

设备设计时考虑的正常运行条件如下（图表C19）：

温度

	安装	
瞬时环境	室内	室外
最小	−5 °C	−25 °C
最大	+40 °C	+40 °C

湿度

一段时间内平均 相对湿度（最大值）	室内设备
24h	95%
1个月	90%

图表C19：设备正常运行条件

海拔：

海拔不得超过1000m。

电气寿命：

分为两个级别（参见IEC 62271-100第4.111节）：

- E1级具备基本的电气寿命；
- E2级具备延长的电气寿命，用于预期运行寿命期间不需要对主电路的开断部件进行维护的断路器。施耐德电气的断路器遵循E2级测试标准。

机械寿命：

分为两个级别（参见IEC 62271-100第4.110节）：

- M1级具备普通的机械寿命（2000次）；
- M2级具备延长的机械寿命（10 000次）。

施耐德电气的断路器遵循M2级测试标准。

2 真空断路器的机构

2.1 概述

断路器是终极的电气安全保护设备，在电网发生故障时，可靠开断短路电流是最重要的。

操作机构是直接影响断路器可靠性、成本和尺寸的关键组件。

本节介绍了中压真空断路器机构的操作原理，即电磁、弹簧和永磁操作机构。

标准

存在国际电工委员会（IEC）和美国国家标准协会（ANSI）两个主要的标准化机构。

IEC和ANSI/IEEE规定的断路器标准在额定值和性能方面的要求差异显著。
因此，全球制造商通常有两种不同标准的产品。
在过去几年中，IEC和IEEE标准化委员会在中压断路器标准型式试验方面的融合取得了进展。

所有适用于中压断路器的标准都将操作机构视为其组件。
标准中规定了机械功能的额定参数和要求，以及验证机械和电气性能的测试程序。
额定参数值以满足实际操作需求为目的，考虑了其寿命周期内需要承受的典型的开关顺序和合-分闸（CO）循环的次数。

标准还定义了额定操作顺序，由合闸（C）和分闸（O）表示的机械操作，加上以秒(s)或分钟(min)表示的时间间隔（*t*）组合而成。
IEC和ANSI/IEEE机械操作标准中规定的操作次数和操作顺序覆盖了断路器应用中的大多数需求。

2.2 机构工作原理

当今全球市场中压真空断路器（VCB）和自动重合器有三种操作机构类型。
这三类是依据真空断路器分合闸储能采用的不同技术来划分的。

电磁机构

电磁机构使用压缩弹簧使断路器分闸，使用电磁线圈使其合闸，合闸的同时给分闸弹簧储能。电磁操作机构所需的能量由直流或交流辅助电源提供。

电磁线圈通电时需要很大的电流冲击，因此需要大容量的辅助电源（直流电池或低压交流）或大电容放电来供电，此外还需要有大容量的辅助触点。跟弹簧操动机构相比，电磁机构比较笨重，因此现在实践中已很少使用了。

弹簧机构

弹簧机构使用两只单独的储能弹簧，分别来存储断路器分、合闸所需的能量。

合闸弹簧要有足够的能量使分闸弹簧储能，合闸弹簧可通过手动或由辅助电源供电的小型电动机实现储能。

真空断路器弹簧机构有两种基本类型：

- 不需要快速重合闸的真空断路器机构（如 O–3min–CO额定操作顺序）；
- 能够执行快速重合闸的真空断路器机构（如O–0.3s–CO-15s-CO额定操作顺序）；

永磁机构

永磁操作机构（PMA）使用存储在电解电容器中的能量进行合闸操作，永磁体使断路器锁定在合闸位置。

PMA机构专门为中压真空断路器而设计。

PMA机构有两大类：单稳态（单磁锁定）和双稳态（双磁锁定）。

单稳态PMA机构的原理与电磁结构相似，只不过在合闸位置时，机械位置锁定被永久磁铁锁定替代。

合闸力量的设计要能够使真空断路器保持合闸且具有足够的接触压力，同时还要给分闸弹簧储能。

在双稳态PMA机构中，永磁体可将衔铁锁定在分闸位置和合闸位置。分闸或合闸线圈中的直流电流产生的高磁通量，可以将衔铁从一个位置移动到另一个位置。

该磁通会减少电磁锁定的力度，并在另一个空气间隙中产生一个相反方向的力。

分合闸操作所需的能量来自两个独立的电解电容器，分别放电到分合闸线圈中。

在直流电源失电时，手动跳闸很复杂，因为这时需要利用杠杆施加一个很大的力才能将衔铁从永磁磁铁合闸锁定位置上脱离，而且还要提供跳闸所需的能量。

单稳态永磁操动机构往往优于双稳态永磁操动机构，原因如下：

- 消除不完全分闸的危险（通过为分闸弹簧储能来储存分闸能量）；
- 简单的手动和电动跳闸（只需解除永磁通量以打开真空断路器）。

电子控制系统

PMA机构需要一个由直流或交流辅助电源供电的电子控制系统，提供直流为电解电容器充电、将储存的能量释放到分闸或合闸线圈中、一旦真空断路器达到分闸或合闸位置时，切断能量源。

在大多数设计中，电子控制系统用于监视电容器和操作线圈的状态，在异常情况下发出告警。

电解电容器是一个关键组件，因为它负责存储必要的电能，并产生PMA操作所需的电流脉冲。在80V DC充电电压下，典型电容值为100 000μF时，可提供320J的存储能量，足以执行一个真空断路器快速重合闸顺序，包括CO操作之间的短时间间隔的顺序。

2　真空断路器的机构

应用

真空断路器类型	应用	预计每年的操作	额定操作顺序	额定机械寿命	预期使用寿命	最佳断路器机构
一般用途	电缆/变压器 /馈线/进线	< 30	0 - 3min - CO	M1 2000次	30年 每3年日常维护	弹簧
频繁切换	电容/电动机 发电机/柴油旋转式UPS 架空馈线 杆式重合器	< 300	0 - 0.3s - CO -15s - CO 0 - 0.3s - CO -2s - CO - 5s - CO	M2 10 000次		弹簧（优选） 或PMA PMA
重载	电弧炉	< 3000	0 - 0.3s - CO -15s - CO	特殊30 000次	10年 每年全面维护	PMA

图表C20：各用途真空断路器的机械特性

可靠性

虽然弹簧机构和PMA机构基于不同的技术，但两者都适合大多数中压真空断路器的应用。

真空断路器可靠性与一台新设备在实验室中达到的最大操作次数无关。真正要考虑的参数是运行MTBF(故障之间的平均时间)。

弹簧机构的可靠性只是取决于机械系统故障率，而PMA机构的可靠性则由机械和电子故障率的组合决定。

虽然弹簧机构在长时间不活动后存在“慢分闸”的风险，但可以通过开展定期真空断路器操作降低这种风险。

综上所述,“具有较高机械寿命的PMA机构的真空断路器比电动弹簧操作的真空断路器更可靠”，笔者对这一观点的逻辑论证提出质疑。

这种定性分析仅仅强调了影响真空断路器操作机构可靠性的几个方面，从而引发了MV开关设备专家的争论。因此，仍需要进一步的工作来建立起准确的真空断路器可靠性模型。

3 负荷开关

3.1 概述

额定电压从1kV到52kV，额定频率从162/3Hz到60Hz，安装于室内或室外且具有关合和开断电流额定值的交流负荷开关和隔离-负荷开关，应遵循IEC 62271-103标准。此标准也适用于三相系统的单极负荷开关。

负荷开关的分合闸操作应根据制造商的说明。可以在开断操作之后立即进行关合，但是关合操作之后不应当立即进行开断，因为此时需要断开的电流值可能会超过负荷开关的额定分断电流值。

3.2 特性

IEC 62271-1:2011中的通用参数：

- ■ 额定电压；
- ■ 额定绝缘水平；
- ■ 额定频率；
- ■ 额定电流和温升；
- ■ 额定短时耐受电流；
- ■ 额定峰值耐受电流；
- ■ 额定短路持续时间；
- ■ 分合闸装置及辅助回路的额定电源电压；
- ■ 分合闸装置及辅助回路的额定电源频率；
- ■ 受控压力系统压缩气源的额定压力。

IEC 62271-103中针对负荷开关的参数：

- ■ 绝缘和/或操作的额定充压水平；
- □ 绝缘和/或开合的额定充压水平；
- □ 操作的额定充压水平。
- ■ 额定有功负载开断电流；
- ■ 额定闭环开断电流；
- ■ 额定电缆充电开断电流；
- ■ 额定线路充电开断电流；
- ■ 特殊用途负荷开关的额定单个电容器组开断电流；
- ■ 特殊用途负荷开关的额定背靠背电容器组开断电流；
- ■ 特殊用途负荷开关的额定背靠背电容器组关合涌流；
- ■ 额定接地故障开断电流；
- ■ 接地故障条件下额定电缆充电和线路充电开断电流；
- ■ 特殊用途负荷开关的额定电动机开断电流；
- ■ 额定短路关合电流；
- ■ 通用负荷开关的额定开断和关合电流；
- ■ 专用负荷开关的额定值；
- ■ 特殊用途负荷开关额定值；
- ■ 熔断器保护用负荷开关的额定值；
- ■ 通用、专用和特殊用途负荷开关的类型和类别。

受控压力系统压缩气体的额定压力（参见IEC 62271-1第4.10节及IEC 62271-103第4.10节）

额定压力（相对压力）的优选值为：0.5MPa，1MPa，1.6MPa，2MPa，3MPa，4MPa。此额定值仅适用于操作设备的动力源压力。

注：52kV及以下，不再制造绝缘或开断用的受控压力系统，故仅考虑用于操作装置的气体。

绝缘和/或操作的额定充压水平（参见IEC 62271-1第4.11节及IEC 62271-103第4.11节）

制造商应提供20°C大气条件下，单位为Pa的压力值（或密度值）或液体重量值，充气或充液的开关设备在投入使用前按此充压。

- 绝缘和/或开合的额定充压水平。此额定值适用于任何用作绝缘或开断的液体或气体。
- 操作的额定充压水平。此额定值适用于任何用作操作设备动力源的液体或气体。

额定有功负荷开断电流（I_{load}）（参见IEC 62271-103第4.101节）

额定有功负荷开断电流，是指负荷开关在额定电压下应能开断的最大有功电流。如果铭牌上没有标出其他值，则此电流额定值应等于负荷开关的额定电流值。

额定闭环开断电流（I_{load}和I_{pptr}）（参见IEC 62271-103第4.102节）

闭环额定开断电流，是指负荷开关应能开断的最大闭环电流值。
可以细分为闭环配电线路额定开断电流和并联变压器额定开断电流。

额定电缆充电开断电流（I_{cc}）（参见IEC 62271-103第4.103节）

电缆充电额定开断电流，是指负荷开关在其额定电压下应能断开的最大电缆充电电流。

额定线路充电开断电流（I_{lc}）（参见IEC 62271-103第4.104节）

线路充电额定开断电流，是指负荷开关在其额定电压应下能断开的最大线路充电电流。

特殊用途负荷开关的单个电容器组额定开断电流（I_{sb}）（参见IEC 62271-103第4.105节）

单个电容器组额定开断电流，是指在没有其他邻近电容器组连接到同一电源时，特殊用途负荷开关在额定电压下能够开断的最大电容器组电流值。

特殊用途负荷开关的背对背电容器组额定开断电流（I_{bb}）（参见IEC 62271-103第4.106节）

背对背电容器组额定开断电流，是指在有一个或多个电容器组连接到同一电源时，特殊用途负荷开关在额定电压下能够开断的最大电容器组电流值。

特殊用途负荷开关的背对背电容器组额定关合涌流（I_{in}）（参见IEC 62271-103第4.107节）

背对背电容器组额定关合涌流，是指在有一个或多个电容器组连接到同一电源时，特殊用途负荷开关应能在其额定电压下关合的电流峰值。

对具有背对背电容器组额定开断电流值的负荷开关，必须给出其背靠背电容器组额定关合涌流值。

注：背靠背电容器组的浪涌电流频率可能在2～30kHz范围内。电涌电流的频率和幅值取决于被切换的电容器组的大小和配置、连接到电源开关侧的电容器组，以及所包含的限流元件阻抗（如果有的话）。

负荷开关不一定要能开断其背对背电容器组的额定关合涌流值。

额定接地故障开断电流（I_{ef1}）（参见IEC 62271-103第4.108节）

额定接地故障开断电流是指在中性点非有效接地系统中，负荷开关在其额定电压下能够开断的故障相最大接地故障电流值。

注：接地故障最大开断电流是正常情况下电缆和线路充电电流的3倍，该倍数考虑了采用单独屏蔽的电缆这种最严酷的情况。

接地故障条件下电缆和线路充电额定开断电流（I_{ef2}）（参见IEC 62271-103第4.109节）

是指在中性点非有效接地系统中，在负荷开关的电源侧发生接地故障时，切除空载电缆或架空线健全相的开断能力。

注：接地故障条件下的电缆和线路最大充电电流是正常情况下的电缆和线路充电电流的$\sqrt{3}$倍。这涵盖了采用单独屏蔽的电缆这种最严酷的情况。

特殊用途负荷开关的额定电动机开断电流（I_{mot}）（参见IEC 62271-103第4.110节）
额定电动机开断电流是指在其额定电压下负荷开关应能开断的电动机最大稳态电流。感性负荷的开合参照IEC 62271-110标准。
注：除非另有说明，电动机堵转时的开断电流是电动机额定负荷电流的8倍。

额定短路关合电流（I_{ma}）（参见IEC 62271-103第4.111节）
额定短路关合电流是负荷开关在其额定电压下应能关合的最大峰值预期电流。

通用负荷开关的额定开断和关合电流（参见IEC 62271-103第4.112节）
通用负荷开关的每个开合方式规定的额定值如下：
- 额定有功负荷开断电流等于额定电流；
- 额定配电线路闭环开断电流等于额定电流；
- 额定电缆充电开断电流见图表C21；
- 额定线路充电开断电流见图表C21；
- 额定短路关合电流等于额定峰值耐受电流。

此外，对用于中性点非有效接地系统的开关，还有：
- 额定接地故障开断电流；
- 接地故障条件下额定电缆和线路充电开断电流。

电压范围I，系列I

额定电压 U_r (kV)	额定电缆充电电流 I_{cc} (A)	额定线路充电电流 I_{lc} (A)
7.2	6	0.5
12	10	1
17.5	10	1
24	16	1.5
36	20	2

电压范围I，系列II

额定电压 U_r (kV)	额定电缆充电电流 I_{cc} (A)	额定线路充电电流 I_{lc} (A)
4.76	4	0.3
8.25	6	0.5
15	10	1
25.8	16	1.5
38	20	2

图表C21：不同电压等级的额定电缆充电电流和额定线路充电电流

专用负荷开关的额定开断和关合电流（参见IEC 62271-103第4.113节）

专用开关应具有额定电流、额定短时耐受电流，并具有通用负荷开关的一种或多种但不是全部的开合能力。如果规定还有其他额定值，则其数值应从IEC 60059标准中规定的R10系列中选取。

特殊用途负荷开关额定值（参见IEC 62271-103第4.114节）

特殊用途负荷开关应具有额定电流、额定短时耐受电流，具有通用负荷开关的一种或几种开合能力。
应根据特殊用途负荷开关的使用场合，规定额定值和能力。其额定值应从R10系列中选择。可选择一种或几种下述额定值：

- 并联电力变压器开断能力；
- 单个电容器组开断能力；
- 背对背电容器组开断能力和关合涌流；
- 电动机开断能力。

熔断器保护用负荷开关额定值（参见IEC 62271-103第4.115节）

通用、专用和特殊用途的负荷开关可以配熔断器保护。

此时，选择负荷开关的短时耐受电流和关合电流额定值时，可结合考虑熔断器在短路电流的持续时间和数值方面的限流效应。
这时可参照IEC 62271-105交流负荷开关-熔断器组合电器标准。

通用、专用和特殊用途负荷开关的类型和级别（参见IEC 62271-103第4.116节）

本标准下的所有负荷开关，均应标明其类型：通用型、专用型或特殊用途型。

此外，还应规定负荷开关的寿命级别：

- 机械寿命（M1或M2）；
- 通用负荷开关的电气寿命（E1、E2、E3）；
- 电容性开合能力（C1或C2）。

所有这些寿命级别的规定，均在IEC 62271-103标准中有所描述。

4　隔离开关和接地开关

IEC 62271-102一方面定义了运行条件、额定参数、设计及制造；另一方面定义了试验、选用导则和安装规则。

4.1　概述

在中压应用中，隔离开关被用来隔离可能带电的回路，其性能比采用其他开关装置隔离更好。隔离断口之间介电耐受的性能由工频电压和雷电冲击电压两个值表示，并按照常规验收标准进行检查，即测试可接受的闪络发生率为2/15（对于自恢复绝缘）。

隔离开关不是安全装置。

最危险的误解是认为仅靠隔离开关就能确保下游人员的安全。

4.2　特性

IEC 62271-1中的通用参数

- 额定电压；
- 额定绝缘水平；
- 额定频率；
- 额定电流；
- 额定短时耐受电流；
- 额定峰值耐受电流；
- 额定短路持续时间；
- 分合闸装置和辅助回路的电源额定电压；
- 分合闸装置和辅助回路的电源额定频率；
- 受控压力系统压缩气源的额定压力。

隔离开关和接地开关的特殊参数

- 额定短路关合电流（仅针对接地开关）；
- 额定接触区（仅针对分隔支柱的隔离开关）；
- 额定端子机械负荷。

52kV及以上额定电压的特殊参数

- 隔离开关母排转换电流开合能力的额定值；
- 接地开关感应电流开合能力额定值。

针对所有电压范围的参数

- 隔离开关机械寿命额定值；
- 接地开关电寿命额定值。

额定短时耐受电流（参见IEC 62271-1第4.5节及IEC 62271-102）

除非另有规定，作为功能组合一部分的接地开关的额定短时耐受电流，应等于该功能组合的额定短时耐受电流值。

额定峰值耐受电流（参见IEC 62271-1第4.6节及IEC 62271-102第6节）和关合电流（参见IEC 62271-102第4.101节）

除非另有规定，作为功能组合一部分的接地开关的额定峰值耐受电流，应等于该功能组合的额定峰值耐受电流。

额定接触区（参见IEC 62271-102第4.102节）

额定端子机械负荷（参见IEC 62271-102第4.103节）

即使额定电压低于52kV，端子机械负荷也适用于隔离开关，并可使用推荐值。建议根据当地服务条件的压力进行额外的检查。

隔离开关和接地开关在承受其额定端子静态机械负荷的情况下应能够合闸和分闸。

隔离开关和接地开关应能承受短路时其额定端子动态机械负荷。

设计阶段应考虑保证整个功能完整所带来的绝缘子应力。

推荐的端子静态机械负荷

额定电压 U_r (kV)	额定电流 (A)	双柱式和三柱式隔离开关		单柱式隔离开关		垂直力 F_c[1]（N）
		水平纵向负荷 F_{a1}和F_{a2}（N）	水平横向负荷 F_{b1}和F_{b2}（N）	水平纵向负荷 F_{a1}和F_{a2}（N）	水平横向负荷 F_{b1}和F_{b2}（N）	
52～72.5	800～1250	800～1250	130	800	200	500

(1) F_c模拟连接导体的重量引起的向下的力。软导体的重量包括在纵向或横向力中。

图表C22：推荐的端子静态机械负荷

隔离开关母排转换电流开合能力的额定值（参见IEC 62271-102第4.104节）

接地开关的感应电流开合能力的额定值（参见IEC 62271-102第4.105节）

隔离开关机械寿命的额定值（参见IEC 62271-102第4.106节）

根据制造商规定的维护程序，隔离开关应能够完成下列操作次数（图表C23）：

级别	隔离开关类型	操作周期数
M0	标准隔离开关接地开关（基本机械寿命）	1000
M1	用于和同等级断路器关联操作的隔离开关（延长的机械寿命）	2000
M2	用于和同等级断路器关联操作的隔离开关（延长的机械寿命）	10 000

图表C23：隔离开关额定机械寿命

接地开关电寿命的额定值（参见IEC 62271-102第4.107节）

接地开关电寿命的分级见下表（图表C24）：

级别	接地开关类型
E0	不具备关合能力的接地开关
E1	能够承受2次短路关合操作能力的接地开关
E2	能够承受5次短路关合操作能力的接地开关

图表C24：接地开关机械寿命分级

5　限流熔断器

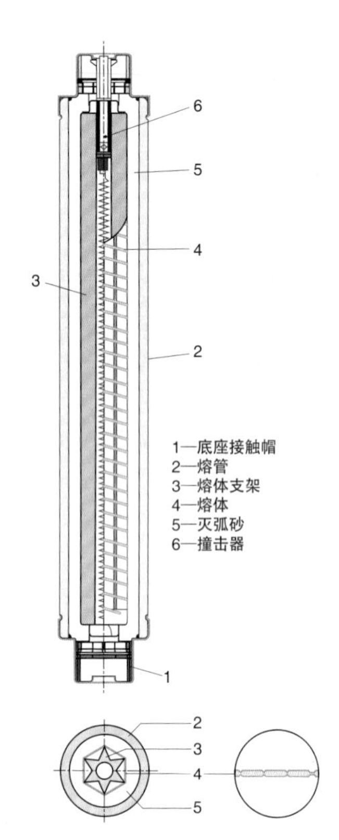

图表C25：熔断件截面图

中压限流熔断器主要用于保护变压器、电动机、电容器和其他负荷。

特性

熔断器底座的额定值：

- 额定电压；
- 额定电流；
- 额定绝缘水平(工频、干试、湿试和冲击耐受电压)。

熔断体额定值：

- 额定电压；
- 额定电流；
- 额定最大开断电流；
- 额定频率；
- 后备熔断体的额定最小开断电流；
- 额定瞬态恢复电压(TRV)。

熔断体特性：

- 温升；
- 分类；
- 动作电压；
- 时间-电流特性；
- 截止特性；
- I^2t特性；
- 撞击器的机械特性；
- 最高使用温度。

额定电压（U_r）（参见IEC 60282-1第4.2节）

在熔断器底座或熔断体型号中使用的电压，由此确定其测试条件。

熔断器的额定电压应选见图表C26。

系列I（kV）	系列II（kV）
3.6	2.75
7.2	5.5
12	8.25
17.5	15
24	15.5
36	25.8
40.5	38

注：1.　此处的额定电压是指设备的最高工作电压(见IEC 60038)。

2.　在三相直接接地系统中，只有在最高系统电压小于或等于熔断器额定电压时，才能使用该熔断器。在单相或中性点非直接接地系统中，只有在最高系统电压小于或等于熔断器额定电压的87%时才能使用该熔断器，除非已进行过特定测试(见IEC/TR 62655:2013，5.1.3)。

图表C26：熔断器额定电压

熔断器端电压

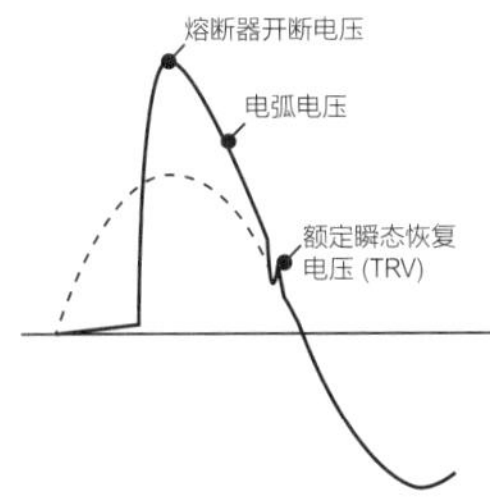

通过熔断器的电流

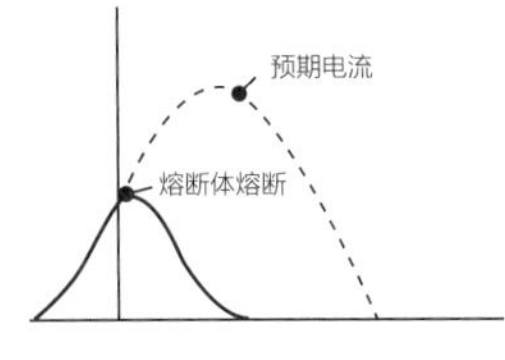

图表C27：限流熔断器的大电流开断

额定绝缘水平（熔断器底座）（参见IEC 60282-1第4.23节）

熔断器底座额定绝缘水平——系列I

基于欧洲的工程实践，水的温度、压力和湿度的标准参考条件分别是20°C、101.3kPa和11g/m³。

熔断器额定电压（kV）	额定雷电冲击耐受电压（正负和极性）（kV）				额定1min工频耐受电压（干试和湿试）（kV）（有效值）	
	列表1（峰值）		列表2（峰值）			
	对地与极间	熔断器底座的隔离断口间（见注）	对地与极间	熔断器底座的隔离断口间（见注）	对地与极间	熔断器底座的隔离断口间（见注）
3.6	20	23	40	46	10	12
7.2	40	46	60	70	20	23
12	60	70	75	85	28	32
17.5	75	85	95	110	38	45
24	95	110	125	145	50	60
36	145	165	170	195	70	80
40.5	180	200	190	220	80	95
52	250	290	250	290	95	110
72.5	325	375	325	375	140	160

注：隔离断口的绝缘水平，应仅对规定具有隔离性能的熔断器底座。

图表C28：熔断器额定绝缘水平（系列I）

熔断器底座额定绝缘水平——系列II

基于美国和加拿大的工程实践，水的温度、压力和湿度的标准参考条件分别是25°C、101.3kPa和15g/m³。

熔断器额定电压（kV）	额定雷电冲击耐受电压（正极与负极）（kV）（峰值）				额定工频耐受电压（kV）（有效值）					
	对地与极间		熔断器底座的隔离断口间（见注）		对地与极间			熔断器底座的隔离断口间（见注）		
	室内	室外	室内	室外	室内 1min干试	室外 1min干试	10s湿试	室内 1min干试	室外 1min干试	10s湿试
2.75	45		50		15			17		
4.76	60		70		19			21		
8.25	75	95	80	105	26	35	30	29	39	33
15	95		105		36			40		
15.5	110	110	125	125	50	50	45	55	55	50
25.8	125	150	140	165	60	70	60	66	77	66
38	150	200	165	220	80	95	80	88	105	88
48.3		250		275		120	100		132	110
72.5		350		385		175	145		195	160

注：隔离断口的绝缘水平，应仅对规定具有隔离性能的熔断器底座。

图表C29：熔断器额定绝缘水平（系列II）

额定频率（参见IEC 60282-1第4.4节）

额定频率的标准值为50Hz和60Hz。

5　限流熔断器

熔断器底座额定电流（参见IEC 60282-1第4.5节）

熔断器底座的额定电流应选自下列值：10A，25A，63A，100A，200A，400A，630A，1000A。

熔断体额定电流（参见IEC 60282-1第4.6节）

熔断体的额定电流应选自R10系列。特殊情况下，可从R20系列中选择熔断体额定电流值。

注：R10系列包括1、1.25、1.6、2、2.5、3.15、4、5、6.3、8及其与10的倍数。R20系列包括1、1.12、1.25、1.40、1.6、1.8、2、2.24、2.5、2.8、3.15、3.55、4、4.5、5、5.6、6.3、7.1、8、9及其与10的倍数。

温升限值（参见IEC 60282-1第4.7节）

部件或材料	最高温度值 θ (°C)	温升(K)
在空气中的触头		
弹簧式触头（铜或铜合金）		
裸的	75	35
镀银或镀镍的	105	65
镀锡的	95	55
其他镀层 (1)		
螺栓紧固的触头或等效件（铜、铜合金和铝合金）		
裸的	90	50
镀银或镀镍的	105	65
镀锡的	115	75
其他镀层 (1)		
在油中的触头（铜或铜合金）		
弹簧式触头（铜或铜合金）		
裸的	80	40
镀锡或镀镍的	90	50
其他镀层 (1)		
螺栓紧固的触头或等效件		
裸的	80	40
镀锡或镀镍的	100	60
其他镀层 (1)		
在空气中用螺栓紧固的端子		
裸的	90	50
镀锡或镀镍的	105	65
其他镀层 (1)		
作为弹簧的金属部件(2)		
用作绝缘的材料与下列等级的绝缘接触的金属部件(3)		
Y级（未浸渍材料）	90	50
A级（浸入油中的材料）	100	60
E级	120	80
B级	130	90
F级	155	115
漆：油基/合成	100 / 120	60 / 80
H级	180	140
其他级别 (4)		
油(5)(6)	90	50
除触头和弹簧外，所有与油接触的金属部件或绝缘材料	100	60

图表C30：各部件及材料的最高温度和温升限值

（1）如果制造商使用本表以外的镀层，则应考虑到这些材料的性能。
（2）温度或温升不应达到损害金属弹性的值。
（3）按IEC 60085分级。
（4）要求仅限于不对周围零件造成任何损伤。
（5）在油的上部。
（6）使用低闪点油时应特别考虑气化和氧化。
变压器型应用和/或使用合成或其他适用绝缘液体时，可以超过给定温度值（参见IEC 60076-7中8.3.2内容）。

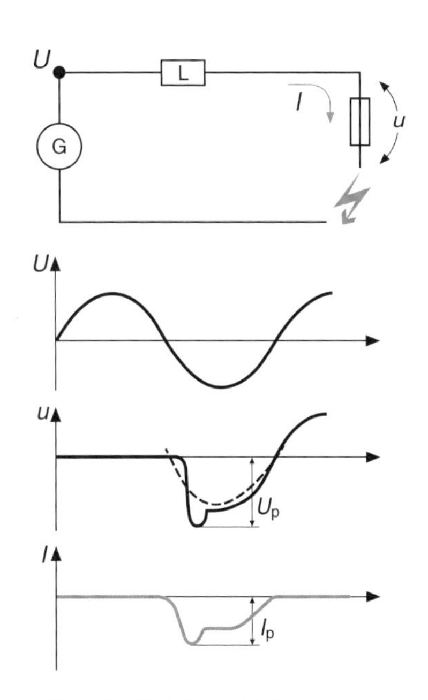

图表C31：额定开断的最大电流及电压波

额定开断能力（参见IEC 60282第4.8节和IEC/TR 62655）

额定最大开断电流（I_1）

熔断体的额定最大开断电流（kA）应选自R10系列。

注：R10系列包括1、1.25、1.6、2、2.5、3.15、4、5、6.3、8及其与10的倍数。

额定最小开断电流和类别

制造商应如下指定类别：

- 后备熔断器及其额定最小开断电流（I_3）。能够开断从额定最小开断电流，一直到额定最大开断电流的所有电流的限流熔断器。
- 通用熔断器及最小开断电流（如有）。
- 能够开断从使熔断器在1h内熔化的电流，一直到额定最大开断电流的所有电流的限流熔断器。
- 全范围熔断器。

能够开断使熔断体熔化的电流直至熔断器的额定最大开断电流的所有电流的限流熔断器。

动作电压极限（参见IEC 60282第4.9节和IEC/TR 62655）

任何超出规定限值的熔断器设计，将可能导致熔断器操作期间外部绝缘击穿或闪络，以及避雷器的损坏。

在所有试验方式中，动作期间的动作电压不应超过图表C32所述的值。在IEC 60282-1中详细说明了其他更高额定电压的小额定电流熔断件的最大动作电压值。

I系列		II系列	
额定电压（kV）	动作电压极限（kV）	额定电压（kV）	动作电压极限（kV）
3.6	12	2.75	8
7.2	23	5.5	18
12	38	8.25	26
17.5	55	15	47
24	75	15.5	49
36	112	22	70
40.5	126	25.8	81

图表C32：各电压级动作电压极限

额定瞬态恢复电压（TRV）（参见IEC 60282-1第4.10节）

额定瞬态恢复电压是参考电压，构成即使在短路情况下熔断器也能开断回路的预期瞬态恢复电压的上限。IEC 60282-1为短路类别的每个测试电流试验规定了合适的TRV值。

但是，由于强制电流零点接近电路电压零点，所以限流熔断器对TRV的敏感性远低于其他非限流型开关器件。

时间—电流特性（参见IEC 60282-1第4.11节）

每种类型的熔断体，都有一个对应于电流有效值的熔断或弧前持续时间。

每个电流值的弧前持续时间，可以通过在标准对数刻度上绘制曲线来确定（见图表C33）。这条曲线只与弧前有关。

必须提及的是，对于电流小于I_3值的弧前时间，曲线会被绘制为虚线。

依据此图还能确定出I_3的值（实线的末端）。

这条曲线一直延伸到弧前持续时间大于600s（取决于熔断体类别）。

时间—电流特性始终都是有公差范围的，以电流为基准（电流值为+20%，+10%或+5%）给出。

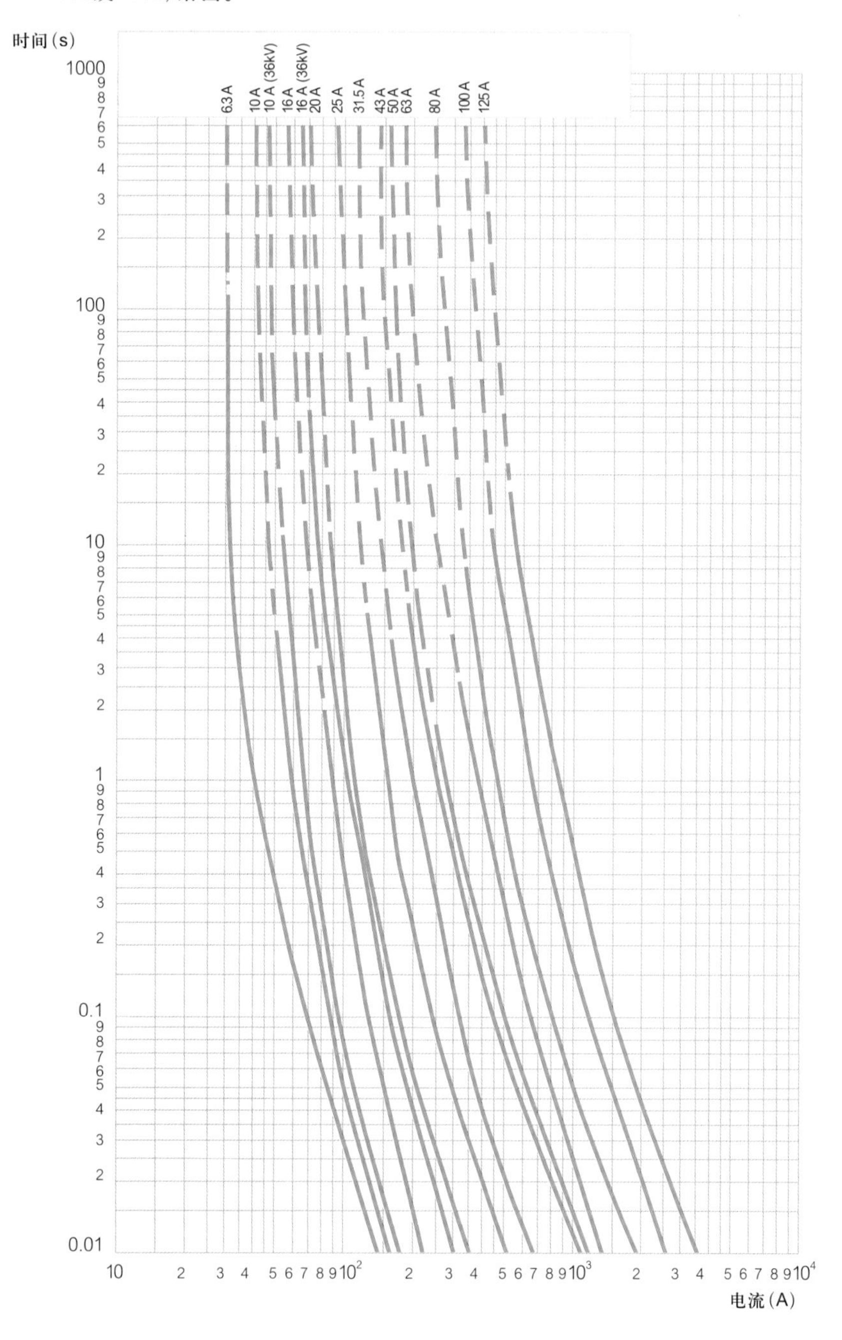

图表C33：时间—电流特性

6 电流互感器

请注意！
切勿将CT置于开路。

6.1 IEC标准规定的一次回路特性

CT的作用是提供与一次电流成比例的二次电流。

额定变比 (K_r)

$$K_r = \frac{I_{pr}}{I_{sr}} = \frac{N_2}{N_1}$$

注意：电流互感器必须符合IEC标准61869-2，但也可以由其他标准定义（ANSI，BR…）。
包括一个或多个一次绕组和一个或几个二次绕组，每个绕组都有其自己的磁路，并全部封装在绝缘树脂中。
CT开路时很危险，因为其端子可能产生危害人员和设备的危险过电压。

IEC标准规定的一次回路特性

额定频率（f_r）

定义为50Hz的CT可以安装在60Hz的电网中，其精确度可以保证。反之则不然。

一次回路额定电压（U_{pr}）

一般情况下：

CT额定电压大于或等于安装处额定电压。
额定电压决定设备的绝缘水平（见本指南的“介绍”章节）。一般来说，可根据电气装置工作电压来选择CT额定电压，见图表C34。

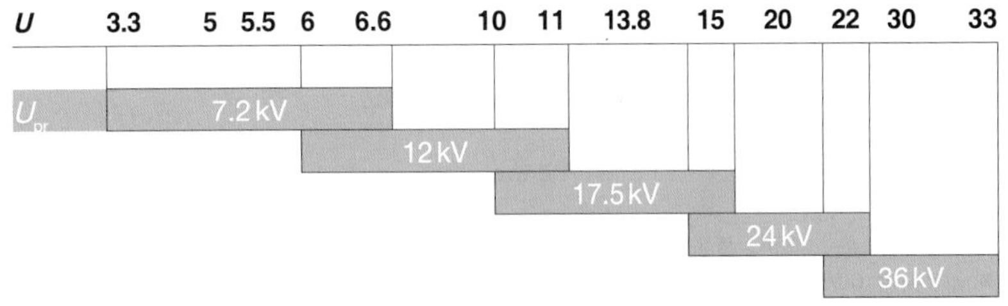

图表C34：CT一次回路额定电压

特殊情况：

如果CT是安装在套管或电缆上的环形CT，则绝缘介质是由电缆或套管绝缘来提供的。

6　电流互感器

一次工作电流（I_{ps}）

考虑到任何可能的降容，装置一次工作电流I(A)（例如变压器馈线）等于CT一次工作电流(I_{ps})，并考虑必要的降容。

如果：

S—— 视在功率(kVA)；

U—— 一次工作电压(kV)；

P—— 电机有功功率(kW)；

Q—— 电容器无功功率(kvar)；

I_{ps}—— 一次工作电流(A)。

得到：

■ 进线柜、发电机组进线和变压器馈线：

$$I_{ps} = \frac{S}{\sqrt{3} \times U}$$

■ 电机馈线：

$$I_{ps} = \frac{P}{\sqrt{3} \times U \times \cos\varphi \times \eta}$$

式中　η—— 电动机效率。

如果不知道φ和η的精确值,可以利用初始近似值：$\cos\varphi = 0.8$，$\eta = 80\%$。

■ 电容器馈线：

考虑到电容器谐波引起的温升，1.3是考虑了30%降容后的系数：

$$I_{ps} = \frac{1.3 \times Q}{\sqrt{3} \times U}$$

■ 母排分段；

■ CT的电流I_{ps}是流过母排分段中最大持续工作电流值。

示例1：

电机的热保护装置的整定范围是电流互感器一次侧额定电流值I_{pr}的0.3～1.2倍之间。

为了保护电机，所需的整定必须与电机的额定电流一致。

如果假设电机的 I_r=25A，所需整定就是25A；

■ 如果使用100/5的CT，继电器的整定范围内将无法包含25A，因为：100×0.3=30>25。

■ 另外，如果选择50/5的CT，有$0.3I_{pr} < I_r < 1.2I_{pr}$，可以整定继电器，因此该CT是适合的。

额定一次电流 (I_{pr})

额定电流(I_{pr})应始终大于或等于装置的工作电流(I)。

标准值(A)：10，12.5，15，20，25，30，40，50，60，75及其10进制的倍数或小数。

对于计量和常规电流保护装置，CT额定一次电流不得超过工作电流的1.5倍。在保护的情况下，还必须检查所选额定电流值是否能够在发生故障时达到继电器的设定阈值。

注意：电流互感器应能持续承受1.2倍的额定电流，以避免在开关设备中产生过高的温升。

如果CT的环境温度高于40°C，CT的额定电流I_{pr}在乘以与开关柜对应的降容系数后，应大于I_{ps}。

IEC 61869-1的表5给出了温升限值。

一般规定，40°C以上的降容可以是每度1%I_{pr}（请见C章“降容”小节）。

额定短时热电流（I_{th}）

额定短时热电流一般是装置最大短路电流的有效值，持续时间等于1s。
每个CT一次侧必须能够承受可能流过的短路电流产生的热效应和电磁力效应，直到故障被有效切除。

若电网短路容量为 S_{sc}则：

$$I_{ps} = \frac{S_{sc}}{\sqrt{3} \times U} \text{（MVA）}$$

当CT安装在熔断器保护的开关柜中时，使用的 I_{th} 等于80 I_r。
如果80 I_r >开断器件的 I_{th}（1s）值，那么CT的 I_{th}（1s）值=开断设备的 I_{th}（1s）值。

过流系数（K_{si}）

根据此能够判断该CT是否易于制造。

$$K_{si} = \frac{I_{th}\,(1s)}{I_{pr}}$$

K_{si} 越低，CT制造越容易。
K_{si} 越高，将导致一次绕组截面尺寸增大。
因此一次绕组匝数与感应电动势一起受到限制，导致该CT更难以制造。

K_{si}数量级	制造
K_{si}< 100	标准
100 < K_{si} < 300	在有特殊的二次特征要求时有些困难
100 < K_{si} < 400	难
400 < K_{si} < 500	仅限于某些特定的二次特性时
K > 500 V	往往不可能

图表C35：过电流系数数量级对应的制造难度

无论是在计量还是在保护的应用中，CT的二次回路特性都必须与其应用相关的限制条件相匹配。

6.2 IEC标准规定的二次回路特性

额定二次电流（I_{sr}）5A或1A

一般情况下：

- 本地使用 I_{sr} =5A。
- 远程使用 I_{sr} =1A。

特殊情况下：本地使用 I_{sr} =1A。

注意：远程应用使用5A虽不禁止，但会导致增加互感器尺寸和电缆截面线路损耗$P = R \times I^2$。

精确度等级

- 计量：0.1～0.5级。
- 配电箱计量：0.5～1级。
- 过电流保护：5P级。
- 差动保护：PX级。
- 零序保护：5P级。

示例：

- 电缆截面：2.5mm²。
- 电缆长度（去/回）：5.8m。
- 布线功率损耗：1VA。

电流互感器必须提供的有功功率（VA）

等于电缆和每个连接到电流互感器二次回路设备损耗的总和。

铜电缆损耗（电缆的线路损耗）：

$$P = R \times I^2 \text{(VA)} \quad 且 \quad R = \rho \times \frac{L}{S} \quad 则 P = K \times \frac{L}{S}$$

$k = 0.44$　　如果 $I_{sr} = 5$ A

$k = 0.0176$　　如果 $I_{sr} = 1$ A

式中 L —— 连接导体的长度(m)（去/回）；

S —— 电缆截面(mm²)；

I_{ps} —— 一次工作电流(A)。

二次电缆损耗见图表C36。

电缆 (mm²)	损耗 (VA/m)	
	1A	5A
2.5	0.008	0.2
4	0.005	0.13
6	0.003	0.09
10	0.002	0.05

图表C36：电流互感器二次电缆损耗

计量或保护装置的损耗

各种设备的损耗应在制造商的技术数据表中给出。

计量装置损耗参考值见图表C37。

装置		最大损耗（VA）（每个回路）
电流表	电磁	3
	电子	1
变送器	自供电	3
	外部供电	1
计量表	感应	2
	电子	1
	有功功率表、无功功率表	1

图表C37：计量装置损耗参考值

保护装置损耗参考值见图表C38。

装置	最大损耗（VA）（每个回路）
静态过电流继电器	0.2～1
电磁过电流继电器	1～8

图表C38：保护装置损耗参考值

额定输出功率

CT的额定输出功率宜选择大于实际功率消耗的最近的标准值。额定输出功率的标准值(kA)为：2.5，5，10，15。

仪表保安系数（FS）

仪表保安系数FS用于定义故障情况下对计量设备的保护水平。FS值将根据仪表的短时耐受电流来选择：5≤FS≤10。

FS 是额定一次电流限值(I_{pl})和额定一次电流(I_{pr})之间的比值。

$$FS = \frac{I_{pl}}{I_{pr}}$$

I_{pl} 是当其二次电流的误差=10%时对应的一次电流的值。变送器一般设计为承受 $50I_r$ 的短时电流，即5A设备为250A。为确保一次侧短路故障时仪表不会损坏，电流互感器二次侧必须在50 I_r 之前饱和。安全系数为10是合适的。

按照标准，施耐德电气CT的保安系数为10。但根据仪表特性，可以按要求提供更低的保安系数。

精确限值系数（ALF）

在保护应用中，有两个约束：精确极限系数和精确度等级要满足应用要求。

可按以下方式确定所需的精确极限系数：

■ 定时限过电流保护在下列情况下继电器可以正常工作：

$$\text{CT的实际ALF} > 2 \times \frac{I_{re}}{I_{sr}}$$

式中 I_{re} —— 继电器保护整定值；

I_{sr} —— 电流互感器额定二次电流。

对于有两个整定值的继电器，将采用最高动作整定值校验：

□ 对于变压器馈线，通常瞬时动作最大整定值为$14I_r$，对应的实际ALF>28。

□ 对于电机馈线，通常最大动作整定值为$8I_r$，对应的实际ALF>16。

■ 反时限过电流保护：

在所有情况下均参考继电器制造商的技术数据表。

对于这些保护装置，CT必须保证继电器沿整条动作曲线直到整定电流的10倍电流值的准确度。

实际 ALF > 20

特殊情况：

□ 如果最大短路电流大于或等于$10I_{re}$：

$$\text{实际 ALF} > 2 \times \frac{I_{re}}{I_{sr}}$$

□ 如果最大短路电流小于10：

$$\text{实际 ALF} > 2 \times \frac{I_{sc}\text{（二次侧）}}{I_{sr}}$$

□ 如果保护装置具有瞬时动作整定值(不适合到其他配电箱的馈线或进线)：

$$\text{实际 ALF} > 2 \times \frac{I_{r2}}{I_{sr}}$$

式中 I_{r2}—— 瞬时动作整定值。

6.3　差动保护

很多差动保护继电器制造商推荐PX-CT类。

通常PX类CT要求满足：

$E_k \leqslant a\, I_f\,(R_{ct} + R_b + R_r)$（确切公式由继电器制造商给出）

式中各项CT的特征值：

式中 E_k—— 拐点电压(V)；

a—— 不对称系数；

R_{ct}—— 二次绕组中的最大电阻(Ω)；

R_b—— 回路电阻(去/回)(Ω)；

R_r—— 不位于回路差动部分的继电器电阻(Ω)；

I_f—— 保护区域外故障时CT二次回路中出现的最大故障电流：

$$I_f = \frac{I_{sc}}{K_n}$$

式中 I_{sc}—— 一次短路电流；

K_n—— CT变比。

如何确定I_f，以便计算E_k值

短路电流选择：

- 发电机组差动；
- 电动机差动；
- 变压器差动；
- 母排差动。

继电器
CT　G　CT

- 发电机组差动：

如果已知发电机组自身的短路电流 I_{sc}

$$I_f = \frac{I_{sc}}{K_n}$$

如果已知发电机I_r，则

$$I_f = \frac{7 \times I_r(\text{发电机})}{K_n}$$

如果发电机I_r未知，则

$I_f = 7 \times I_{sc}\,(CT)$　　$I_{sc}\,(CT)$=1A或5A

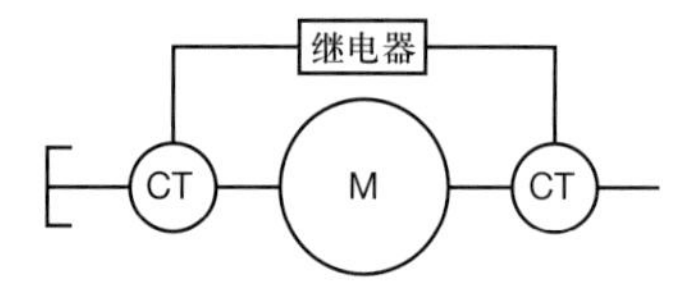

图表C39：发电机组及电机的差动保护接线

- 对于电机差动：

如果已知启动电流，则

$I_f = I_{sc}$(启动)　　　$I_f = \frac{I_{sc}}{K_n}$

如果已知电机I_r，则

$$I_f = \frac{7 \times I_r}{K_n}$$

如果电机I_r未知，则

$I_f = 7 \times I_{sc}\,(CT)$，　$I_{sc}\,(CT)$=1A或5A

7 LPCT低功率电流互感器

LPCT(低功率电流互感器)应满足IEC 60044-8标准。LPCT为可直接输出电压的电流传感器，优点是应用范围广，选型简单。

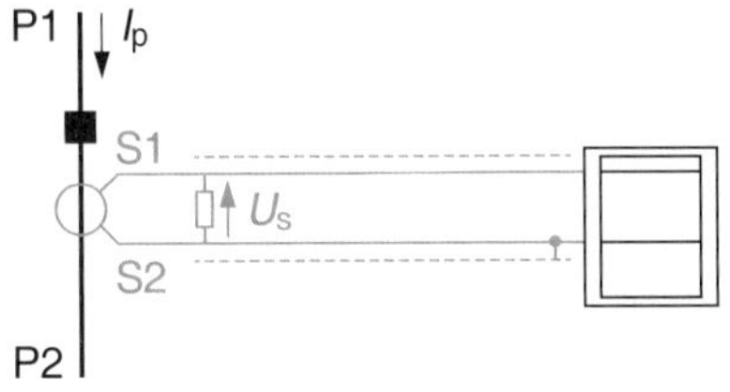

P1 I_p
S1
U_s
S2
P2

图表C40：LPCT的接线

LPCT和综合保护继电器Sepam一起可确保非常高的电流覆盖范围和使用灵活性。
示例：配备CLP1或CLP2的Sepam的保护系统，可以保证5～1250A的使用范围

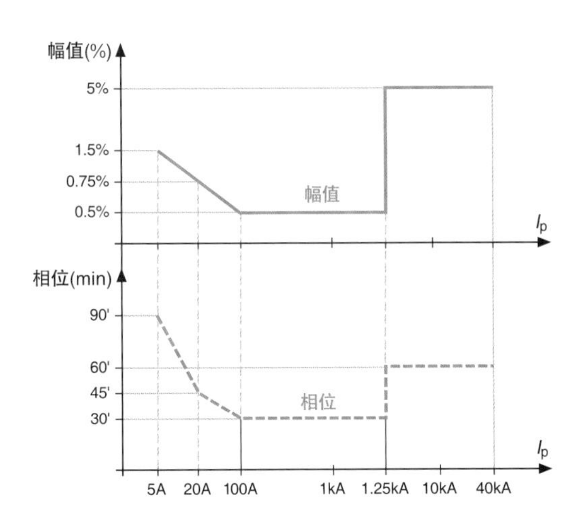

（施耐德电气CLP1示例）：给定扩展电流范围的精确度等级（此处为0.5级，计量范围100～1250A；保护等级5P，1.25～40kA）。

图表C41：LPCT的精确度特征

LPCT是一种特殊的电流传感器，具有“低功率电流互感器”型的直接电压输出，符合IEC 60044-8标准。LPCT可用于计量和保护功能。
主要参数为：
- 额定一次电流；
- 一次扩展电流；
- 一次电流精确度极限或精确度极限系数。

LPCT在很大电流范围内具有线性响应，直到超过开断电流时才开始饱和。

根据IEC 60044-8标准的LPCT额定示例

其特征归纳为图表C41中曲线。
曲线中标明了与给定实例精确度等级对应的电流幅值和相位的最大误差限值（作为绝对值）。

0.5级计量举例：
- 额定一次电流 I_{pn} =100A；
- 一次扩展电流 I_{pn} =1250A；
- 二次电压 U_{sn} =22.5mV（二次电流为100A）；
- 0.5级精确度：
  - 一次电流幅值0.5%（误差±0.5%）；
  - 一次电流相位60′（误差30′），在100～1250A范围内。
  - 精确度0.75%和45′，20A；
  - 精确度1.5%和90′，5A。

即标准规定的两个计量点。

5P级保护示例：
- 一次电流 I_{pn} =100A；
- 二次电压 U_{sn} =22.5mV；
- 5P级精确度：
  - 一次电流幅值5%（误差±5%）；
  - 一次电流相位60′（误差60′），在1.25～40kA范围内。

8　电压互感器

电压互感器允许开路，不存在任何危险，但绝不能短路。

电压互感器的作用是为二次回路提供与一次回路电压成比例的二次电压。

注意：IEC标准61869-3定义了电压互感器必须满足的条件。

包括一次绕组、磁心、一个或多个二次绕组，所有这些部件都封装在绝缘树脂中。

特性

额定电压因数（图表C42）

额定电压因数是额定一次电压必须乘以的系数，用以确定电压互感器在符合规定温升和精确度的前提下稳定运行的最大电压。

根据系统的接地方式，电压互感器必须承受故障切除时间内的最高电压。

额定电压因数正常值

额定电压因数	额定持续时间	一次绕组连接方式和系统接地方式
1.2	连续	任意电网中的相与相，变压器星形连接的中性点对地之间
1.2 1.5	连续 30s	中性点有效接地系统中的相对地之间
1.2 1.9	连续 30s	带有自动切除接地故障装置的，中性点非有效接地系统中的相对地之间
1.2 1.9	连续 8h	无自动切除接地故障装置的中性点不接地系统中，或无自动切除接地故障的消弧线圈接地系统中的相对地之间

注：制造商和用户协商同意后，可采用较低的额定时间。

图表C42：额定电压因数正常值

一般来说，电压互感器制造商符合以下数值：电压互感器相/地取1.9，持续8h；电压互感器相/相取1.2，持续运行。

额定一次电压（U_{pr}）

根据不同的设计，电压互感器可连接在：

■ 相对地之间：

$$\frac{3000\,V}{\sqrt{3}} \Big/ \frac{100\,V}{\sqrt{3}} \qquad U_{pr} = \frac{U}{\sqrt{3}}$$

■ 或相对相之间：

$$3000\,V \,/\, 100\,V \qquad U_{pr} = U$$

额定二次电压（U_{sr}）

- 电压互感器相与相的额定二次电压为100V或110V（欧盟）（图表C43）；
- 对于应用在相对地之间的单相互感器，其额定二次电压必须除以 $\sqrt{3}$。

也就是：$U_{sr} = \frac{100}{\sqrt{3}}$

接入到单相系统或三相系统线间的单相电压互感器，和三相电压互感器的标准值		
应用	欧洲 U_{sr} (V)	美国和加拿大 U_{sr} (V)
配电系统	100 & 110	120
输电系统	100 & 110	115
延伸二次回路	200	230

图表C43：电压互感器额定二次电压

额定输出功率

单位为VA，电压互感器以其额定一次电压连接到额定负荷时，可以为二次回路提供的视在功率。此时不得出现任何超过规定精确度等级对应的误差(三相电路中 $S = \sqrt{3} \times U \times I$)。

标准值(VA)：10，15，25，30，50，75，100。

精确度等级

在规定功率和电压条件下的，变比和相位所允许的误差限值（图表C44）。

根据IEC 61869-3测量要求，0.5级和1级适用于大多数情况，3级很少使用。

应用	精确度等级	相位移（min）
工业用途以外的特殊场合	0.1	5
精密计量	0.2	10
日常计量	0.5	20
统计和/或仪表的计量	1	40
不要求高精确度的计量	3	未指定

图表C44：规定功率和电压条件下，变比和相位所允许的误差限值

IEC61869-3规定的保护用电压互感器

有3P级和6P级，但实际只使用3P级。

精确度等级保证值的前提条件：

■ 一次电压的5%到电压最大值，电压最大值是指一次电压和额定电压因数的乘积（$K_T \times U_{pr}$），二次负荷为额定输出功率的25%～100%之间，功率因数为0.8感性。

精确度等级	电压误差（±%）		相位差（′）	
	5%U_{pr}～K_TU_p之间	2%U_{pr}～5% U_{pr}之间	5%U_{pr}～K_TU_p之间	2%U_{pr}～5%U_{pr}之间
3P	3	6	120	240
6P	6	12	240	480

注：U_{pr}—额定一次电压；
K_T—电压系数。

图表C45：保护用PT精确度等级

额定变比 (k_r)

对电压互感器

$$k_r = \frac{U_{pr}}{U_{sr}} = \frac{N_1}{N_2}$$

电压比值误差 (ε)

$$\varepsilon = \frac{k_r \times U_s - U_p}{U_p} \times 100$$

式中 k_r—— 额定变比；
U_p—— 实际一次电压；
U_S—— 测量条件下施加U_p时的实际二次电压。

相位移或相位误差 (ε)

对于正弦电压，这是一次电压（U_{pr}）和二次电压（U_{sr}）相量之间的相位差，相量方向是按照理想变压器的相位差为零来决定的。
单位为分钟或厘弧度来表示。

额定热极限输出功率（参见IEC61869-1第6.4节及IEC61869-2）

在不超过标准规定温升限值情况下，从二次绕组中获得的额定电压下的视在功率值，额定热极限输出功率标准值为：25VA，50VA，100VA及其10的倍数，对应于额定二次电压和功率因数为1的工况，单位为VA。

仪用互感器的部件	温度 θ(°C)	(θ - θ_n) (K)，θ_n= 40°C
接触点（图表A16）		
油浸式仪用互感器		
顶油	90	50
顶油，全密封	95	55
绕组平均值	100	60
绕组平均值，全密封	105	65
与油接触的其他金属零件	同绕组	同绕组
固体或气体绝缘的仪用互感器		
与下列类别的绝缘材料 (1) 接触的绕组（平均）		
Y	85	45
A	100	60
E	115	75
B	125	85
F	150	110
H	175	135
与上述绝缘材料类接触的其他金属部件	同绕组	同绕组
螺栓连接或等效连接		
裸铜或裸铜合金或裸铝合金		
空气中	90	50
SF_6中	115	75
油中	100	60
镀银或镀镍		
空气中	115	75
SF_6中	115	75
油中	100	60
镀锡		
空气中	105	65
SF_6	105	65
油中	100	60

（1）绝缘等级的定义根据IEC 60085。

图表C46：仪用互感器各部件最高温度及温升限值

电压互感器在额定电压、额定频率、额定负荷或最高额定负荷（如果有多个额定负荷）、功率因数0.8（滞后）～1的条件下，温升都不应超过IEC 61869-1:2007表中给出的相应值（图表C46）。

互感器装有储油柜，或在油面上方有惰性气体或呈全密封状态时，储油柜或油室的顶层温升不应超过55K。

当互感器没有如此配置时，储油柜或油室的顶层温升不得超过50K。

9　LPVT电子式电压互感器

LPVT（低功率电压互感器）应满足IEC标准IEC 60044-7。
LPVT属于电压传感器，可直接输出低电压。LPVT比标准电压互感器更小且更容易整合进中压柜中。

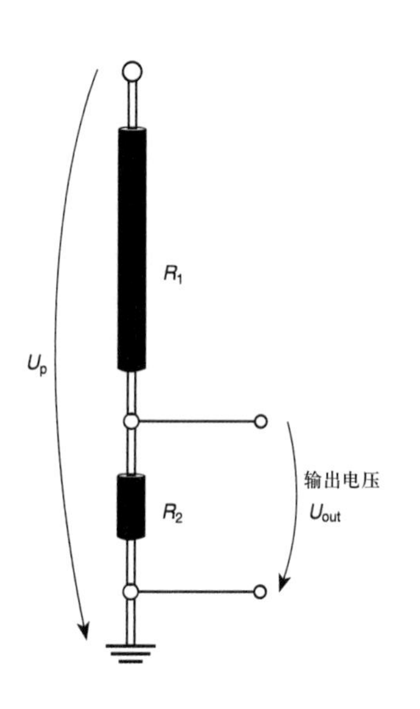

图表C47：电阻分压器

LPVT低功率电压互感器

LPVT是特殊的电压传感器，具有“低功率电压互感器”型的直接电压输出，符合IEC60044-7标准。
LPVT可用于计量和保护功能。

主要参数为：
- 额定一次电压，IEC60038的正常值；
- 额定二次电压(V)：
  - □ 1.625，2，3.25，4，6.5线间；
  - □ 1.625/√3，2/√3，3.25/√3，4/√3，6.5/√3线对地；
  - □ 1.625/3，2/3，3.25/3，4/3，6.5/3三相电网；
  - □ 1.625/2，2/2，3.25/2，4/2，6.5/2二相电网。

根据IEC60044-7标准的LPVT额定值示例

下面给出的LPVT示例，其特征可适用于很宽的一次电压范围。

计量0.5级的例子

- 额定一次电压 U_{pn}：3/√3～22/√3 kV；
- 额定二次电压 U_{sn}：3.25/√3 V（U_{pn}=20/√3 kV）。

0.5级精确度：
- □ 一次电压幅值0.5%（误差±0.5%）；
- □ 一次电压相位 20′（误差±20′），范围为80%～120%的U_{pn}（从0.8×3/√3~1.2×20/√3 kV）。

3P级保护示例

- 额定一次电压 U_{pn}：3/√3～20/√3 kV；
- 额定二次电压 U_{sn}：3.25/√3 V（U_{pn}=20/√3 kV）。

3P级精确度：
- □ 一次电压幅值3%（误差±3%）；
- □ 一次电压相位120′（误差±120′），范围5%～190%的U_{pn}（从0.05×3/√3～1.9×22/√3 kV）。

10 降容

各种标准或建议给出的产品特性参数都有规定的使用条件。正常使用条件的定义请见C章“中压断路器”一节。

超越这些使用条件就必须降低一些参数值，也就是让设备降容。下列条件下必须考虑降容：

■ 绝缘水平，如果海拔超过1000m。

■ 额定电流，当环境温度超过40°C，且防护等级高于IP3X（见B章“防护等级”一节）。

若有必要，这些不同类型的降容可以累加。

注意：没有专门针对降容的标准。但IEC 62271-1标准的表3涉及温升，并依据不同类型的设备、材料和介质给出了不得超越的极限温度值。

应用实例：

额定电压24kV的设备能够安装在2500m的海拔高度吗？

冲击耐受电压为125kV。

50Hz工频耐受电压是50kV 1min。

对于2500m：

■ k =0.85；

■ 冲击耐受电压必须为125kV/0.85=147.05kV；

■ 50Hz工频耐受电压必须为50kV/0.85=58.8kV。

答案：不能，必须安装的设备是：

■ 额定电压=36kV；

■ 冲击耐受电压=170kV；

■ 50Hz耐受电压=70kV。

注意：在某些情况下，如果有专门的测试报告能证明符合要求，则可以使用24kV设备。

10.1 海拔与绝缘降容

标准为所有安装在海拔1000m以上设备规定了降容。一般来说，在海拔1000m以上，每增加100m降低1.25% U_p。这适用于雷电冲击耐受电压和50Hz 1min工频耐受电压。

由于包裹在密封的外壳内，海拔对SF_6或真空断路器的介质耐压没有影响。

当断路器安装在空气绝缘型的开关柜中时，必须考虑降容。

施耐德电气使用校正系数：

■ 针对开关柜以外的断路器使用见图表C48。

例外：

□ 市场一些设备降容从零米开始（图表C48虚线）；

□ 按照其他标准定义的系数，如IEEE C37.20.9（图表C49）。

海拔（m）	电压系数	电流系数
1000（3300ft）及以下	1.00	1.00
1500（5000ft）	0.95	0.99
3000（10 000ft）	0.80	0.96

图表C49：海拔降容系数

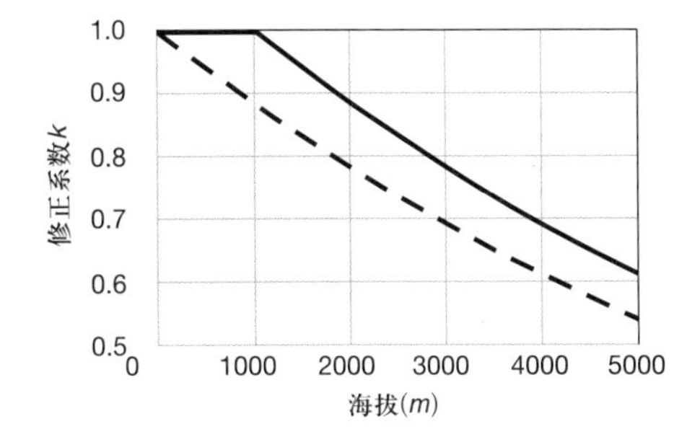

图表C48：海拔降容修正系数

10.2 温度与额定电流降容

IEC 62271-1标准中表3定义了每个设备、材料和电介质的最大允许温升，参考环境温度为40°C。

一般来说，安装地点海拔超过2000m的，每增高100m的降额为1%。但这种修正通常是不必要的，因为空气稀薄、散热不良导致额外的温升，会被最高环境温度的降低而补偿。IEC 60943标准对此定义见图表C50。

海拔（m）	最高环境空气温度（°C）
0～2000	40
2000～3000	30
3000～4000	25

图表C50：不同海拔的最高环境温度

事实上，温升取决于三个参数：

■ 额定电流；

■ 环境温度；

■ 柜体类型及其IP（防护等级）。

降容将根据开关柜选择表进行，因为断路器外部的导体也会辐射和散发热量。

Smart PIX
全新一代智能中压开关柜

客户价值

- 实现全感知的设备管理
- 实现主动式运维管理
- 实现移动式运维管理
- 提高运维效率，减少停电时间，保证设备及运维人员安全

应用领域

- 电网
- 市政
- 医疗
- 电子厂房
- 建筑楼宇
- 石油石化

主要技术特点

- 无线无源测温和局放监测

- 断路器寿命曲线分析和断路器控制回路健康状态监视

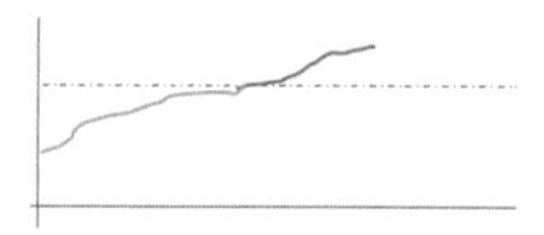

- 弧光保护监测系统

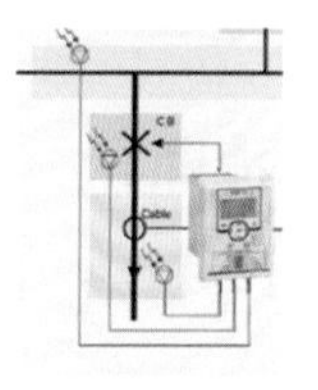

- 主动运维智能单元

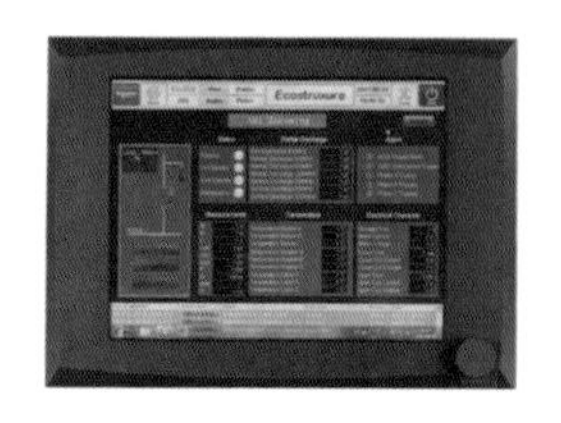

- 顺序控制专家

- 千里眼

- 移动运维专家

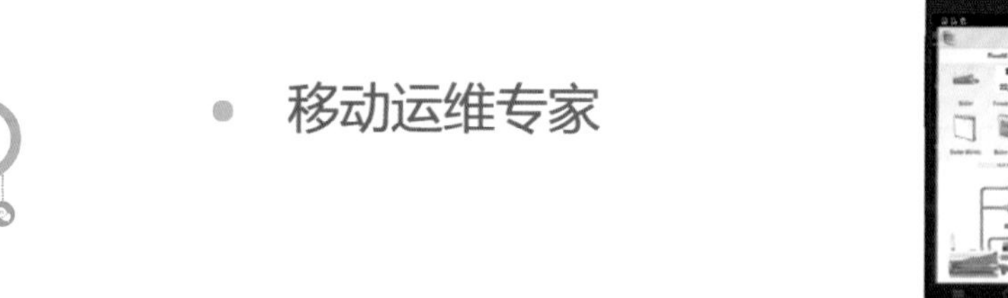

Life Is On

Schneider Electric 施耐德电气

第D章　计量单位

目录

SI计量单位的名称和符号

基本单位

量	量符号 (1)	单位	单位符号	量纲
基本单位				
长度	$l, (L)$	米	m	L
质量	m	千克	kg	M
时间	t	秒	s	T
电流	I	安培	A	I
热力学温度 (2)	T	开尔文	K	Q
物质的量	n	摩尔	mol	N
发光强度	$I, (I_v)$	坎德拉	cd	J
附加单位				
角度（平面角）	$\alpha, \beta, \gamma, \cdots$	弧度	rad	A
立体角	$\Omega, (\omega)$	球面度	sr	W

（1）括号中的符号也可以使用。
（2）摄氏度t与热力学温度T的关系是：$t=T-273.15$。

图表D1：SI基本计量单位

通用量和单位

名称	符号	量纲	SI单位：名称（符号）	注释和其他单位
量：空间和时间				
长度	*l*, (*L*)	L	米 (m)	厘米 (cm)：1cm=10^{-2}m[不再使用micron，而使用微米（μm）]
面积	*A*, (*S*)	L^2	平方米 (m^2)	公亩 (a): 1a = 100m^2 公顷 (ha): 1ha = 10 000m^2 (农业计量)
体积	*V*	L^3	立方米 (m^3)	
平面角	$\alpha, \beta, \gamma, \cdots$	N/A	弧度 (rad)	梯度 (gr): 1gr = 2π rad/400 转数 (r): 1r = 2π rad 度 (°):1°= 2π rad/360 = 0.017 453 3rad 分 ('): 1' = 2π rad/21 600 = 2.908 882×10^{-4}rad 秒 ("): 1" = 2π rad/1 296 000 = 4.848 137×10^{-6}rad
立体角	Ω, (ω)	N/A	球面度 (sr)	
时间	*t*	T	秒 (s)	分钟 (min) 小时 (h) 天 (d)
速度	*v*	L T^{-1}	米/秒 (m/s)	每秒转数 (r/s): 1r/s = 2π rad/s
加速度	*a*	L T^{-2}	米/秒平方 (m/s^2)	重力加速度：g = 9.806 65m/s^2
角速度	ω	T^{-1}	弧度/秒 (rad/s)	
角加速度	α	T^{-2}	弧度/秒平方 (rad/s^2)	
量：质量				
质量	*m*	M	千克 (kg)	克 (g): 1g = 10^{-3}kg 吨 (t): 1t = 10^3kg
单位长度质量	ρ1	L^{-1} M	千克/米 (kg/m)	
质量/表面积	$\rho A'$ (ρs)	L^{-2} M	千克/平方米 (kg/m^2)	
质量/体积	ρ	L^{-3} M	千克/立方米 (kg/m^3)	
体积/质量	*v*	L^3 M^{-1}	立方米/千克 (m^3/kg)	
浓度	ρB	M L^{-3}	千克/立方米 (kg/m^3)	成分质量浓度 *B* (根据 NF X 02-208)
密度	*d*	N/A	N/A	$d = \rho/\rho_{水}$
量：周期现象				
周期	*T*	T	秒 (s)	
频率	*f*	T^{-1}	赫兹 (Hz)	1Hz = $1s^{-1}$, $f = 1/T$
相移	ϕ	N/A	弧度 (rad)	
波长	λ	L	米 (m)	不得使用埃 (10^{-10} m)。 建议使用纳米 (10^{-9} m) $\lambda = c/f = cT$ (c = 光速)
功率级	*Lp*	N/A	分贝 (dB)	

图表D2：通用量及单位

（未完待续）

SI计量单位的名称和符号

名称	符号	量纲	SI单位：名称（符号）	注释和其他单位
量：机械				
力	F	$L M T^{-2}$	牛顿	1N = 1kg·m/s
重量	$G, (P, W)$			
力矩	M, T	$L^2 M T^{-2}$	牛顿米 (N·m)	N·m，非m·N以避免混淆
表面张力	γ，σ	$M T^{-2}$	牛顿/米 (N/m)	1N/m = 1J/m^2
功	W	$L^2 M T^{-2}$	焦耳 (J)	1J: 1 N·m = 1Ws
能量	E	$L^2 M T^{-2}$	焦耳 (J)	瓦时 (W·h): 1W·h = 3.6 x 10^3J（用于测定电耗）
功率	P	$L^2 M T^{-3}$	瓦特 (W)	1W = 1J/s
压力	$\sigma, \tau p$	$L^{-1} M T^{-2}$	帕 (Pa)	1P = 10^{-1}Pa·s（P=泊，CGS单位）
动力黏度	η, μ	$L^{-1} M T^{-1}$	帕秒 (Pa·s)	1P = 10^{-1}Pa·s（P=泊，CGS单位）
运动黏度	ν	$L^2 T^{-1}$	平方米/秒 (m^2/s)	1St = $10^{-4}m^2$/s（St=斯托克斯，CGS单位）
动量	p	$L M T^{-1}$	千克米/秒 (kg x m/s)	$p = mv$
量：电				
电流	I	I	安培 (A)	
电荷	Q	TI	库仑 (C)	1C = 1A·s
电位	V	$L^2 M T^{-3} I^{-1}$	伏特 (V)	1V = 1W/A
电场	E	$L M T^{-3} I^{-1}$	伏特/米 (V/m)	
电阻	R	$L^2 M T^{-3} I^{-2}$	欧姆 (Ω)	1Ω = 1V/A
电导	G	$L^{-2} M^{-1} T^3 I^2$	西门子 (S)	1S = 1A/V = 1Ω^{-1}
电容	C	$L^{-2} M^{-1} T^4 I^2$	法拉 (F)	1F = 1C/V
电感	L	$L^2 M T^{-2} I^{-2}$	亨利 (H)	1H = 1Wb/A
量：电、磁				
磁感应强度	B	$M T^{-2} I^{-1}$	特斯拉 (T)	1T = 1Wb/m^2
磁通量	Φ	$L^2 M T^{-2} I^{-1}$	韦伯 (Wb)	1Wb = 1V·s
磁化	Hi, M	$L^{-1} I$	安培/米 (A/m)	
磁场	H	$L^{-1} I$	安培/米 (A/m)	
磁动势	F, Fm	I	安培 (A)	
电阻率	ρ	$L^3 M T^{-3} I^{-2}$	欧姆-米 (Ω·m)	1μΩ·cm^2/cm = 10^{-8}Ω·m
电导率	γ	$L^{-3} M^{-1} T^3 I^2$	西门子/米 (S/m)	
介电常数	ε	$L^{-3} M^{-1} T^4 I^2$	法拉/米 (F/m)	
有功	P	$L^2 M T^{-3}$	瓦特 (W)	1W = 1J/s
视在功率	S	$L^2 M T^{-3}$	伏特安培 (VA)	
无功功率	Q	$L^2 M T^{-3}$	乏 (var)	
量：热力学				
温度	T	θ	开尔文 (K)	开尔文，非开尔文度
摄氏温度	t, θ	θ	摄氏度 (°C)	$t = T - 273.15$
能量	E	$L^2 M T^{-2}$	焦耳 (J)	
热容量	C	$L^2 M T^{-2} \theta^{-1}$	焦耳/开 (J/K)	
熵	S	$L^2 M T^{-2} \theta^{-1}$	焦耳/开 (J/K)	
比热容	c	$L^2 T^{-2} \theta^{-1}$	瓦特/(千克·开) [J/(kg·K)]	
热导率	λ	$L M T^{-3} \theta^{-1}$	瓦特/(米·开) [W/(m·K)]	
热量	Q	$L^2 M T^{-2}$	焦耳 (J)	
热流量	Φ	$L^2 M T^{-3}$	瓦特 (W)	1W = 1J/s
热功率	P	$L^2 M T^{-3}$	瓦特 (W)	
热辐射系数	h_r	$M T^{-3} \theta^{-1}$	瓦特/(平方米·开) [W/(m^2·K)]	

图表D2：通用量及单位

英制单位和国际单位制（SI）对应关系

名称	英制单位：名称	英制单位：符号	与SI对应关系
加速度	英尺/秒平方	ft/s^2	$1ft/s^2 = 0.304\ 8m/s^2$
发热容量	英制热量单位/磅	Btu/lb	$1Btu/lb = 2.326 \times 10^3 J/kg$
热容量	英制热量单位/（立方英尺·华氏度）	$Btu/ft^3.°F$	$1Btu/ft^3.°F = 67.066\ 1 \times 10^3 J/(m^3 \cdot K)$
	英制热量单位/（磅·华氏度）	Btu/lb°F	$1Btu/lb.°F = 4.186\ 8 \times 10^3 J/(kg \cdot K)$
磁场	奥斯特	Oe	1Oe = 79.577 47A/m
热导率	英制热量单位/（平方英尺·小时·华氏度）	$Btu/ft^2.h.°F$	$1Btu/ft^2.h.°F = 5.678\ 26W/(m^2 \cdot K)$
能量	英制热量单位	Btu	$1Btu = 1.055\ 056 \times 10^3 J$
能量（偶）	英尺磅力	lbf/ft	1lbf.ft = 1.355 818J
	英寸磅力	lbf.in	1lbf.in = 0.112 985J
热流量	英制热量单位/（平方英尺·小时）	$Btu/ft^2.h$	$1Btu/ft^2.h = 3.154\ 6W/m^2$
	英制热量单位/秒	Btu/s	$1Btu/s = 1.055\ 06 \times 10^3 W$
力	磅力	lbf	1lbf = 4.448 222N
长度	英尺	ft, '	1ft = 0.304 8m
	英寸[1]	in, "	1in = 25.4mm
	英里（英国）	mile	1mile = 1.609 344km
	节	—	1 852m
	码[2]	yd	1yd = 0.914 4m
质量	盎司	oz	1oz = 28.349 5g
	磅（里弗尔）	lb	1lb = 0.453 592 37kg
单位长度重量	磅/英尺	lb/ft	1lb/ft = 1.488 16kg/m
	磅/英寸	lb/in	1lb/in = 17.858kg/m
质量/表面积	磅/平方英尺	lb/ft^2	$1lb/ft^2 = 4.882\ 43kg/m^2$
面积	磅/平方英寸	lb/in^2	$1lb/in^2 = 703.069\ 6kg/m^2$
质量/体积	磅/立方英尺	lb/ft^3	$1lb/ft^3 = 16.018\ 46kg/m^3$
	磅/立方英寸	lb/in^3	$1lb/in^3 = 27.679\ 9 \times 10^3 kg/m^3$
惯性矩	平方英尺磅	$lb.ft^2$	$1lb.ft^2 = 42.140gm^2$
压力	英尺水柱	ft H_2O	1ft $H_2O = 2.989\ 07 \times 10^3 Pa$
	英寸水柱	in H_2O	1in $H_2O = 2.490\ 89 \times 10^2 Pa$
压力-应力	磅力/平方英尺	lbf/ft^2	$1lbf/ft^2 = 47.880\ 26Pa$
	磅力/平方英寸[3]	lbf/in^2 (psi)	$1lbf/in^2 = 6.894\ 76 \times 10^3 Pa$
热功率	英制热量单位/小时	Btu/h	1Btu/h = 0.293 071W
表面积	平方英尺	sq.ft, ft^2	$1sq.ft = 9.290\ 3 \times 10^{-2} m^2$
	平方英寸	sq.in, in^2	$1sq.in = 6.451\ 6 \times 10^{-4} m^2$
温度	华氏度[4]	°F	$T_K = \frac{5}{9}(°F+459.67)$
	兰氏度	°R	$T_K = \frac{5}{9}°R$
黏度	磅力秒/平方英尺	$lbf.s/ft^2$	$1lbf.s/ft^2 = 47.880\ 26Pa \cdot s$
	磅/英尺秒	lb/ft.s	$1lb/ft.s = 1.488\ 164Pa \cdot s$
体积	立方英尺	cu.ft	$1cu.ft = 1ft^3 = 28.316dm^3$
	立方英寸	cu.in, in^3	$1in^3 = 1.638\ 71 \times 10^{-5} m^3$
	液量盎司（英国）	fl oz (UK)	$fl\ oz\ (UK) = 28.413\ 0cm^3$
	液量盎司（美国）	fl oz (US)	$fl\ oz\ (US) = 29.573\ 5cm^3$
	加仑（英国）	gal (UK)	$1gaz\ (UK) = 4.546\ 09dm^3$
力	加仑（美国）	gal (US)	$1gaz\ (US) = 3.785\ 41dm^3$

（1）12in=1ft；
（2）1yd=36in=3ft；
（3）p.s.i.：磅力/平方英寸；
（4）T_K：绝对温度，K。

图表D3：英制单位与国际单位转换表

Smart Premset

智能中压固体绝缘开关柜

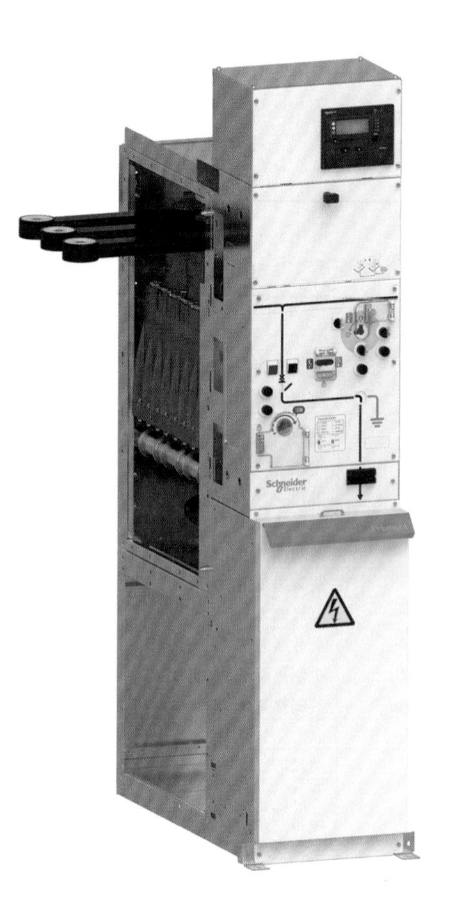

安全可靠，有效抵御恶劣环境

- 创新型连续接地的表面屏蔽系统
- 无电气老化现象，超长使用寿命
- 最高安全等级，意外触碰零风险
- 全屏蔽固体绝缘，不受高海拔和恶劣环境影响

绿色环保，智能高效

- 无SF6设计
- 分布式灵动配电应用方案
- 智能在线监测系统

小身材，大作为

- 630A，31.5kA 4s，柜宽375mm
- 模块化设计，多种进出线方案

技术参数

- 额定电压：最高可达17.5kV
- 额定电流：630A，1250A
- 额定短时耐受电流（4s）：25kA，31.5kA
- 防护等级：IP67
- 运行温度：–25℃~ 40℃
- 海拔：5000m无需降容
- 标准尺寸（宽×高×深）：375mm×1900mm×1135mm

应用领域

- 寸土寸金
  空间受限改造
  高端商业建筑
- 严酷环境
  潮湿地下室及低洼地带
  沿海高盐雾，高温，高污染
  强风沙地区，隧道，高速公路
  综合管廊，高海拔地区
- 高可靠性供电需求
  医院，数据中心
- 环保需求

第E章　标准

目录

1 本书所涉及的标准

如何订购IEC出版物？
www.iec.ch

互感器 第8部分：电子式电流互感器	IEC 60044-8
高电压试验技术 第1部分：一般定义及试验要求	IEC 60060-1
绝缘配合 第2部分：使用导则	IEC 60071-2
电力变压器 第11部分：干式变压器	IEC 60076-11
电力变压器 第12部分：干式电力变压器负载导则	IEC 60076-12
电力变压器 第13部分：自保护充液变压器	IEC 60076-13
电力变压器 第15部分：充气变压器	IEC 60076-15
电力变压器 第16部分：风力发电用变压器	IEC 60076-16
电力变压器 第6部分：电抗器	IEC 60076-6
电力变压器 第7部分：油浸式电力变压器负载导则	IEC 60076-7
高压熔断器 第1部分：限流熔断器	IEC 60282
铁路应用 机车车辆牵引变压器和电抗器	IEC 60310
外壳防护等级	IEC 60529
环境条件的分类 第3-3部分：环境参数组及其严酷程度分类有气候防护场所固定使用	IEC 60721-3-3
环境条件的分类 第3部分：环境参数组及其严酷程度分类 第4节：无气候防护场所的固定使用	IEC 60721-3-4
三相交流系统短路电流 第1部分：电流计算	IEC 60909-0
变流变压器 第1部分：工业用变流变压器	IEC 61378-1
变流变压器 第2部分：高压直流输电用换流变压器	IEC 61378-2
互感器 第1部分：通用技术要求	IEC 61869-1
互感器 第2部分：电流互感器的补充技术要求	IEC 61869-2
互感器 第3部分：电磁式电压互感器的补充技术要求	IEC 61869-3
超过1kV交流电力装置 第1部分：通用规则	IEC 61936-1
电器设备外壳对外界机械碰撞的防护等级（IK码）	IEC 62262
高压开关设备和控制设备 第1部分：共用技术要求	IEC 62271-1
交流断路器	IEC 62271-100
高压开关设备和控制设备 第102部分：交流隔离开关和接地开关	IEC 62271-102
高压开关设备和控制设备 第103部分：额定电压1kV以上直至并包括52kV负荷开关	IEC 62271-103
高压开关设备和控制设备 第110部分：感性负荷开关	IEC 62271-110

1　本书所涉及的标准

电工和电子产品环保意识设计	IEC 62430
电气工业产品用材料声明	IEC 62474
额定电压为1kV以上至且包含52kV交流金属封闭开关设备和控制设备	IEC 62271-200
高压开关设备和控制设备　第202部分：预制的高压/低压变电站	IEC 62271-202
高压开关设备和控制设备 第306部分：IEC 62271-100、IEC 62271-1和其他有关交流断路器的IEC标准的导则	IEC/TR 62271-306
电子电气产品中限用物质评价指南	IEC/TR 62476
由制造商和回收商和再利用率计算对电工和电子产品报废导则	IEC/TR 62635
高压熔断器教程和应用指南	IEC/TR 62655
高压开关设备和控制设备 第304部分：恶劣气候条件下额定电压高于1kV小于或等于52kV的室内封闭式开关设备和控制设备的设计等级	IEC/TS 62271-304
污染条件下使用的高压绝缘子的选择和尺寸确定 第1部分：定义、信息和一般原则	IEC/TS 60815-1
IEEE标准：基于对称电流的额定交流高压断路器的试验程序	IEEE C37.09
IEEE标准：额定电压大于1000V高压电力开关设备的通用要求	IEEE C37.100.1
IEEE标准：金属铠装开关设备	IEEE C37.20.2
IEEE标准：金属封闭开关设备（1～38kV）	IEEE C37.20.3
环保标志和声明 III型环境声明 原则和程序	ISO 14025
金属与合金的腐蚀 大气腐蚀性 分类、检测和评价	ISO 9223
电气设备外壳防护等级（最大1000V）	NEMA 250
工作场所®的电气安全	NFPA 70 E

2　IEC-ANSI/IEEE对比

2.1　IEC-ANSI/IEEE整合

基本上，IEC和ANSI/IEEE标准之间的差异来自其各自的宗旨。
IEC标准以功能为依据。设备根据其性能定义，这允许了不同的技术解决方案。
ANSI/IEEE标准基于技术解决方案的描述。这些解决方案被法律定义为“最低安全和功能要求”。
几年前，IEC和ANSI/IEEE组织开始针对若干课题进行整合。该整合现由2008年制定的IEC–IEEE联合开发项目的协议支持。由于整合的进程，现在的标准处于过渡阶段。
此整合允许存在有着“微小”差异之处简化标准。这对于短路电流和瞬态恢复电压的定义尤其有效。

ANSI/IEEE制定了特殊应用的标准，例如“自动重合闸”和“发电机断路器”。这些文件将在整合了定义和额定值之后转换为等效的IEC标准。整合不应被理解为统一。IEC和IEEE是本质上截然不同的组织。前者的结构以国家委员会为基础，后者以个体为基础。因此，IEC和ANSI/IEEE未来也将保留自己修订过的整合标准。不同的网络特性（架空线路或电缆网络，户内或户外应用）和本地习惯（电压额定值和频率）将继续应用于开关设备。

额定电压

请见第A单第6小节。

额定瞬态恢复电压（TRV）整合

其中一个主要目的是定义IEC和ANSI/IEEE标准中的正常操作和开断试验。
自1995以来已采取了三项主要措施：
- 整合额定100kV及以上断路器开断试验的TRV；
- 整合额定100kV以下断路器开断试验的TRV；
- 整合电容性电流开关额定值和试验要求。

IEC引入2个断路器等级，由IEC 62271-100（2007）中的2个TRV特点定义：ANSI/IEEE使用与C37.06（2009）相同的标准。
- 电缆系统S1；
- 线路系统S2。

当一些电压低于52kV的S2断路器可能直接连接到架空线路时，必须通过短路故障开断试验。

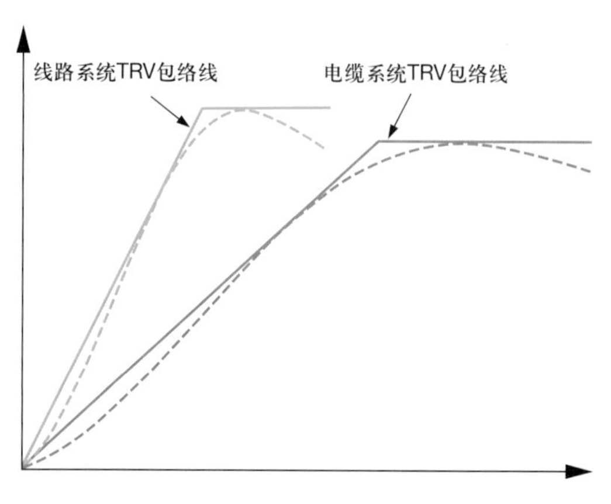

图表E1：线路系统及电缆系统TRV曲线及包络线

断路器级别

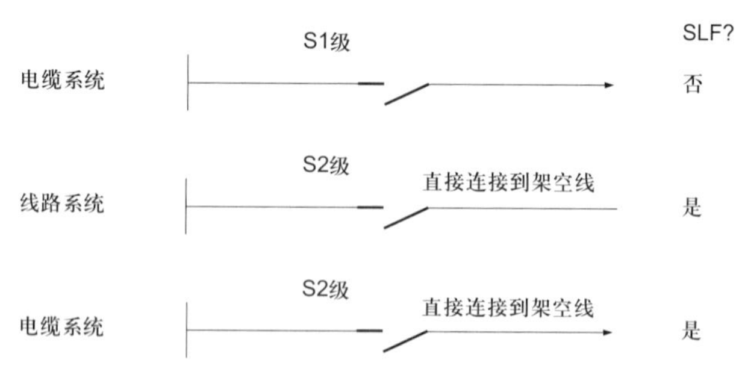

图表E2：断路器级别

电容开关

电容开关试验也已整合。

引入重燃概率较低的C1级断路器和重燃概率极低的新C2级断路器。两个标准的额定值和验收标准仍然不同。

IEEE将设有C0级别。

组装产品

组装产品没有整合。

组装产品包括金属外壳或绝缘外壳的中压开关设备或气体绝缘的开关设备。如今尚没有行动来整合IEC和IEEE/ANSI的组装标准。因此，仍然存在许多显著的差异。如前所述，这些差异都是由电力网络和当地习惯引起的。

2.2 IEC-ANSI主要差别

确认的差异

此处根据对设计或合格性试验的影响列出两个主要类别。在每一个设计有差异的项目中，应明确差异点是必需的，且只存在于一个系统而不存在于另一个系统中；或者说要明确这个必须的差异点在两个系统中的表达是否存在冲突。

关于合格性试验程序的差异，关键点是符合一个系统的要求是否能够覆盖另一个系统的要求。两大系统的主要差异，尤其在中压领域，在于第三方认证的必要性，并包括“跟进”服务。
这个程序称之为“贴标签”。

额定值

ANSI/IEEE的额定值有两个：需求值和首选值。
需求值是不可协商的，首选值是满足需求值后达到的值。
C37.20.2涵盖金属铠装开关设备，认为最小母排额定电流为1200A金属铠装（可抽出）。
短路耐受电流用两种不同方式表达：
■ IEC定义为交流分量的有效值（指定持续时间内）和峰值（2.5倍短时耐受电流值）。
■ ANSI定义为2s时间内的交流分量有效值，而“瞬时电流”也以有效值表达，取短路后包含直流分量的第一周波的峰值（2.6或2.7倍短时耐受电流值）。
C37.20.3涵盖金属封闭开关设备，认为“正常”短时耐受电流的持续时间为2s（IEC的首选值1s）。

设计

■ 最大允许温度不同；IEC参考为62271-1；ANSI参考为IEEE C37.100.1以及C37.20.2、C37.20.3、C37.20.4。
■ ANSI的可接受温升比IEC低很多。例如，对于裸铜-铜接头，C37.20.3（及C37.20.4）指定最高温度为70℃，而IEC接受最高90℃。此外，ANSI认为所有电镀材料均等效（锡、银、镍），而IEC则规定了不同的可接受值。ANSI/IEEE要求配对两种不同接触材料时，使用较低的温度限值。ANSI提供了连接绝缘电缆时的特殊值（此值低于两条裸母排之间的等效接头）。
■ ANSI的可触及零部件可接受温度也较低（正常操作接触时50℃对应IEC70°C，正常操作不接触的70℃对应IEC的80℃）。ANSI还设定了不可触及外部零部件的最大允许温度：110℃。
■ ANSI C37.20.2中抽出操作的机械寿命试验是500次，ANSI C37.20.3是50次。这与IEC 62271-200相同，除非抽出能力旨在用作隔离功能（由制造商规定），那么隔离开关需要至少1000次。
■ 其他设计差异：
□ ANSI规定了绝缘材料的最低防火性能，IEC目前不具备。
□ ANSI C37.20.2和C37.20.3要求接地母排应具备瞬时峰值电流耐受和短时短路电流耐受的能力。IEC接受电流通过外壳，并且性能测试作为功能测试执行（如果母排由铜制成，则规定最小横截面）。
□ ANSI C37.20.2要求电压互感器在高压侧装有限流熔断器。ANSI C37.20.2和3要求电流互感器额定55°C。
□ ANSI C37.20.2和C37.20.3规定金属板的最小厚度（钢等效：均为1.9mm，而纵向间隔之间的钢板及一次回路的“主要设备”之间的钢板厚度为3mm；钢板面积越大厚度越大）。IEC 62271-200没有为外壳和隔板指定任何材料或厚度，但指定了功能特性（由最大电压降的直流测试得出的电气连续性）。

□ ANSI C37.20.2依据尺寸指定了铰链和锁点的最小数量；
□ ANSI金属铠装应有绝缘一次导体（最低耐受电压=相间电压）；
□ ANSI金属铠装应在每个回路间隔之间具备隔板；
□ 这适用于母排，母排间隔会随着开关柜被“分段”；
□ ANSI的可抽出CB应由联锁保护，避免完全抽出，直到其机构失效；
□ ANSI规定了开关连接点的尺寸要求（NEMA CC1-1993）；
□ 位置指示器的颜色和标记不同；
□ ANSI C37.20.2和3规定辅助电源应在开关设备内设有短路保护；
□ ANSI：电压互感器的一次侧连接应由熔断器保护，二次侧则根据实际情况确定。

基本试验程序

■ 在所有情况下，对于可抽出式柜体，抽出位置上游和下游导体之间的工频介电强度试验，ANSI规定为相对地值的110%。在IEC中，隔离开关仅在抽出功能用作隔离功能（由制造商规定）时，其断点间才要求进行介电强度试验。
■ ANSI的瞬时电流试验至少需要10个循环，IEC的峰值电流耐受试验至少需要300ms（接通试验电流至少持续200ms）。
■ 在ANSI中，所有堆积的或应用的绝缘材料都需要验证最小阻燃（C37.20.2 § 5.2.6和 5.2.7）。IEC没有涉及此问题，但正在讨论修订“共同规范”标准。
■ 在ANSI中，外部铁件的油漆需要通过盐雾试验来证明防锈。
■ 根据ANSI C37.20.3和C37.20.4标准，所有开关应承受的“断开间隙”介电试验电压（工频和脉冲）比相对地值高10%；IEC仅针对隔离开关设有类似规定。
■ IEC和ANSI的BIL试验序列和标准不同（IEC为2/15，ANSI为3/9）这两种方法之间的等价性是一个有争议的问题，不能被视为有效。
■ ANSI/IEEE温升试验：供电和短路连接的横截面由标准定义，无允差等因此，它们不能同时符合两种标准。
■ 对于常规试验，ANSI（c37.20.3）的辅助电路检查为1500V×1min，IEC为2kV×1min。
■ ANSI根据C37.20.4标准，开关应当在任何可选的额定试验（开关熔断器组合的故障接通、电缆充电开关电流、空载变压器开关电流）之前执行负载开断试验。
■ 在功率试验或机械寿命试验后作为状态检查的介电试验，IEC规定为额定工频耐压的80%（一般条款），ANSI只有75%（C37.20.4）。
■ IEC和ANSI对开关通电试验期间检查对地电流的熔断体有不同的要求。（IEC为长100mm，直径0.1mm，ANSI为额定电流3A，或2in长以及#38AWG）。
■ 断路器要求单相试验，依据C37.09表1第6和7行。
■ 断路器要求在型式试验序列内积累800% K_{si}。